虫洞书简⑥

给青少年的68堂哲理课

王溢嘉 著

台海出版社

北京市版权局著作合同登记号：图字 01-2022-0711

图书在版编目（CIP）数据

虫洞书简 .6, 给青少年的 68 堂哲理课 / 王溢嘉著
.-- 北京 : 台海出版社 , 2022.6（2022.6 重印）
ISBN 978-7-5168-3275-2

Ⅰ . ① 虫… Ⅱ . ① 王… Ⅲ . ① 人生哲学—青少年读物
Ⅳ . ① B84-49 ② B821-49

中国版本图书馆 CIP 数据核字（2022）第 060470 号

虫洞书简 .6，给青少年的 68 堂哲理课

著　　者：王溢嘉

出 版 人：蔡　旭　　　　封面设计：末末美书
责任编辑：赵旭雯　魏　敏　高惠娟

出版发行：台海出版社
地　　址：北京市东城区景山东街 20 号　邮政编码：100009
电　　话：010-64041652（发行，邮购）
传　　真：010-84045799（总编室）
网　　址：www.taimeng.org.cn/thcbs/default.htm
E-mail：thcbs@126.com

经　　销：全国各地新华书店
印　　刷：三河市嘉科万达彩色印刷有限公司
本书如有破损、缺页、装订错误，请与本社联系调换

开　　本：880 毫米 ×1230 毫米　1/32
字　　数：135 千字　　印　张：7.75
版　　次：2022 年 6 月第 1 版　　印　次：2022 年 6 月第 2 次印刷
书　　号：ISBN 978-7-5168-3275-2

定　　价：49.80 元

在沉重与轻盈间飞翔

歌德曾说："理论是灰色的，但树木却永远青翠。"套用这个语法，我们可以说："观念是沉闷的，但故事却永远动听。"本书是想通过一些故事，来传达一个渴望在人间飞翔的年轻人，在追寻的过程中所获得的一些观念。

写完这本书时，我才想起大学时代经常一个人四处闲游，先是穿梭在台北的大街小巷，逐渐行于板桥、淡水、新店，然后游荡到基隆、桃园、礁溪，并非郊游，也不像旅行，而是这边看看，那边走走，似乎在寻找某种不确定之物，或者期待能有一些意想不到的奇遇，能掉进一些风风雨雨的故事里。

当时，曾写了一些不像小说的文字，主角的名字就叫作苏三。本书主角的名字，在写作过程中几经更迭，最后终于也变成了苏三。他也在四处游荡，也在寻找某些东西；他也有些奇遇，也掉进一些故事里。但这个苏三就是昔日的那个苏三吗？

显然不是。昔日的那个苏三喜欢沉重、喜欢孤独、喜欢黑暗、喜欢废墟，他沉溺在自造的迷雾中，追寻虚无缥缈的超俗哲学和至高真理。现在这个苏三则渴望轻盈、希冀温暖，渴望光明、希冀丰饶。他重新出发，想要吹散恼人的厚重迷雾，寻找在人间飞翔的知识和技巧。

从某个角度来看，这个苏三似乎比昔日那个苏三“世俗”了许多，它多少代表了我心境的改变。不过，用佛家的话来说，他是“既非同一个苏三，亦非另一个苏三”。也许每个人心中都有一个这样不断在追寻和变化的“苏三”吧？

对我来说，本书中的苏三，还有字里行间所透露的讯息，要比以前“简单”了许多，也“平凡”了许多，那是因为我现在觉得生命并没有我原先想象得那样“复杂”和“深奥”。对有了些经历的人而言，这些也许只是迟来的平凡真理；但对刚踏上人生征途的年轻人来说，那可能就是老马的识途之言了。

所谓“心灵之旅”，意味着这个苏三只是在我的脑海中旅行而已。习惯将阅读当作另一种旅行的我，在为苏三安排他所遭遇的人和事时，很多固然是来自个人的想象，但也有一些是由个人过去所阅读的古今中外的故事添枝加叶而成。因为行文的关系，我在正文里并未说明原典出处，只能在这里做个笼统的交代，还请高明察谅。

希望阅读本书，也能成为读者的一趟轻盈而愉悦的心灵之旅。

王溢嘉

目录

渴望

万里无云的蓝天，一只苍鹰沉默地飞翔。

苏三从书本中抬起头来，眺望窗外的蓝天和苍鹰，心中又浮现出一股熟悉的感觉。春天将过，某种古老的渴望正呼唤着他。

他生命中的青鸟，流盼四顾，振翅欲飞。

“如果你想飞翔，你就必须保持轻盈。”一个白发皤然的老人走到他身后，仿佛洞悉了他的心意。

苏三知道什么是鸟类的轻盈。善于飞翔的鸟类，没有一只鸟是肥胖的，连支撑身体所必要的骨头也都是中空的。但什么是人间的轻盈呢?

“如果你想保持轻盈，你就必须像个旅人。”老人说。

轻盈，就是要像一个旅人，不仅心中没有太多牵挂，身边也没有什么累赘之物，没有家具，没有营业报表。

“其实，我们每个人原都是旅人，因父母的邀请而到这个尘世做短暂旅行的旅人。那些忙着添购家具和制作营业报表的人，偶尔抬起头来，望向窗外，会渴望轻盈，渴望飞翔。那是因为他们模糊忆起被他们遗忘的原先身份，一个轻盈飞翔的旅人的身份。”老人说。

一向在熟悉的人群中小心谨慎生活的苏三，早就渴望各种新奇的事物，羡慕各式各样的生活，想要让他稚嫩沉闷的灵魂成为一种流动的东西。老人的话让他的心情激动，他不禁想起一首诗。

我心绪不宁，我渴望遥远的事物。

我心不在焉，热望着抚摸那昏暗远方的边缘。

啊，伟大的远方！

啊，你那笛子热烈的呼唤啊！

苏三再度眺望窗外。那只在蓝天中飞翔的苍鹰，竟已失去了踪影，不知飞往何方。

于是，他听到了另一种召唤，兴起了另一种渴望。

他要做个旅人，去寻访那轻盈之道，还有在人间飞翔的知识和技巧。

翅膀

当苏三告别老人，旅行了两天，来到芳草地时，看到无数的红蜻蜓和黄蜻蜓在空中飞行、追逐。一个戴着鸭舌帽的中年男子蹲在小溪边，似乎在抓什么东西。

苏三走过去，发现他正将一只颜色鲜艳的小甲虫装进一个小塑料盒里。

“您是在采集昆虫吗？”苏三跟他打招呼。

“是啊，”那人抬起头来，笑着说，“我在学校里教昆虫学，要经常出来找些昆虫。”他的下巴很尖，看起来有点像螳螂。

“这些蜻蜓真会飞，它们的翅膀真是轻盈。”苏三看着在空中乱飞的蜻蜓，想起他旅行的目的，不禁赞叹说。

“是啊，昆虫是最先懂得飞行的生物，也是飞行技巧最高超的生物。”昆虫学家站起身来，看着飞舞的蜻蜓说，“但昆虫并不是因为想飞才长出翅膀的，它们是先长出了翅膀，然后才知道它是可以用来飞行的。”

对这样的说法，苏三感到无比的讶异。

昆虫学家似乎教学瘾发作了，对着苏三上起课来：

“根据古生物学家的研究，古昆虫的翅膀很短，而翅膀一定要有足够的长度才能飞行。所以，古昆虫的翅膀最初并不是用来飞行的。”

“那用来做什么呢？”

“用来吸收太阳的热能。冬天时，昆虫和其他冷血动物一样，体内的生化反应会变得十分缓慢，行动也跟着迟缓下来。宽平而薄的翅膀很适合吸收太阳能，将热能传进体内，进而提高体温和活动能力。”

苏三想起了人类发明的用来吸收太阳能的集热板。

“这有利于生存，所以经过长时间的演化，昆虫的翅膀越变越长，终于达到可供飞行的长度。”

“所以它们就飞了起来？”苏三问。

“我想大概不是。”昆虫学家说，“应该是有一只喜欢冒险的昆虫，也许是为了逃避敌人的攻击，或者是想尝试些新花样，而鼓动它的翅膀，结果竟飞了起来。其他昆虫看到它会飞，有样学样，才跟着飞了起来的。”

当苏三离开芳草地时，感激地对昆虫学家说：“谢谢您告诉我最初飞行的奥秘。”这次换昆虫学家露出讶异的神情，他不明白苏三在说什么。

苏三则是满心欢喜。昆虫不是因为想飞才长出了翅膀，而是先长出了翅膀，才发现它可以用来飞行。他也一样，要先有能吸收各种能量、壮大自己的东西，等储备了足够的能量，能够在人间快意飞翔时，那个东西就会被人家称作“他的翅膀”。

引力

出发前，老人告诉苏三：“飞翔，可以远望；登高，可以望远。登高会给你一种飞翔的感觉。”

来到无机山下的苏三，想起老人的话，于是沿着登山步道上山。在半途，他遇到一个中年登山者，两人结伴而行。

他们花了两个多小时才登上峰顶。峰顶有一棵百年古柏，他们站在柏树旁，看着山下隔着烟尘、如梦似幻的城市。

会当凌绝顶，一览众山小。广阔的视野，果然让苏三有了飞翔的感觉。

“你看我们走上来的路。”中年登山者指着下方说。

苏三俯瞰那些左弯右拐，在树丛中时隐时现的上山之路。

“所有迈向巅峰的路都是曲折的。”登山者说。

人间飞翔之路应该也是曲折的吧？

他们转而到凉亭里休息。“今天消耗了不少能量。”苏三边擦汗边说。

“你知道我们大部分的能量都消耗到哪里去了吗？”登

山者问。

“走山路、爬台阶啊！”苏三觉得这个问题有点多余。

“不对。我们绝大多数的能量都用来克服地心引力。”登山者说。

真是一语点醒梦中人。苏三想，对啊！如果是在月球上走同样的山路、爬同样的台阶，根本不需要消耗这么多能量。对耗去我们最多能量的东西，我们居然对它浑然不觉。

登山者说：“人之所以常常觉得心情沉重，是因为心灵也有引力。”

苏三的心微微一震。什么是心灵的引力？

登山者说：“我们的心灵受到各种僵化观念的束缚，各种窠臼习俗的限制，各种烦琐人情的包围，它们让我们变得沉重，无法轻盈，不得自由。

“我们的心中有种种的欲望，为了满足或压抑它们，会耗去我们不少的精力；我们的心中有种种烦恼，为了算计或忘记它们，也会花费我们不少的心神。

“这些，无一不是心灵的引力。我们大部分的精神能量也都耗在它们上面，但大多数人对它们都浑然不觉。”

一阵山风吹过，说不出的清凉。

于是苏三知道，要想让精神轻盈，心灵飞翔，他需要的不是另一个星球，而是另一种心灵。

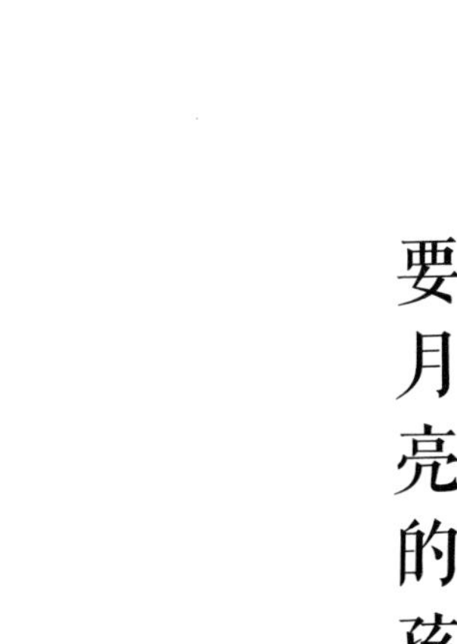

要月亮的孩子

月明星稀，海面波光荡漾，如睡梦中少女的胸膛，轻轻起伏着。

在前往日出之岛的夜航中，清风徐来，苏三和一个小说家站在甲板上，看着夜空中又圆又亮的明月。

“有人想飞上天，飞到月亮上去。”苏三喃喃说道。他想起了传说中那名吃了灵药而飞到月宫中的女子。

“啊，我倒是想将月亮摘下来，做我痛饮的夜光杯。”小说家对着天空张开双手，然后向苏三谈起了他最喜欢的一本小说。

曾经，在一个偏僻的山谷里有一个小男孩，内心一直向往着外面的广阔世界。有一天，一个外地来的失意的海盗，向他吹嘘海上的种种冒险。小男孩听后，小小的心灵立即燃烧起欲望之火，眼里露出热情的光芒，恨不得立刻出发，到传说中的大海上去冒险。

他请求父亲的允许。父亲了解他的心意，说：“我心里虽然难过，但我相信，你将来一定会成为一个伟大的人物，因为——哦——因为你并不太聪明,你一次只能看到一个欲望。”

父亲鼓励他去实现自己的梦想，要他在临走前，去拜访村里最有智慧的长老，听取忠告。长老对他说：

“我了解你，你还是个孩子，你想要用月亮喝东西，就像用一只金杯。如果你能始终保持这种想法，那你就可能成为一个伟大的人物。所有伟大的人物，都曾经是要月亮的孩子；他们四处寻找，虽然有时候只捉到一只萤火虫。但如果一个人的心变成了大人的心，知道他是永远要不到月亮的，就会连萤火虫都捉不到。”

他牢记父亲和长老的话，离乡背井，到海上冒险。历经无数凶险、跌宕、忧惧、痛苦和九死一生，但每当他在黑暗的海上看到那一轮明月时，就又重燃火热的心。最后他终于找到了金杯，成为纵横四海的大海盗，赢得了一位异国女子的芳心，而且还被封为总督。

“我们都曾经是要月亮的孩子！”说完故事的小说家痴痴望着月亮，他的眼里有奇异的光芒闪烁，仿佛有一个被他抛弃的梦想，又庄严而炽热地回到他的心中。

苏三则心潮澎湃，热血沸腾。

是的，如果你想飞翔，你就必须相信你能飞翔。

真正的生活

日出之岛的午后。阳光照着渔港里渔船的船桅、码头边整理渔网的渔妇、庙埕前捉迷藏的小孩。苏三和小说家坐在能俯瞰整个渔村的小丘上。

“你为什么写小说呢？”苏三问。

“我的一个前辈说，小说是为了让人能更享受生活，或者更忍受生活。这不只是对读者而言，对我自己也一样。我写小说，主要是想让自己能更享受生活，或者忍受生活。”小说家说。

在知道小说家已经写了二十几本小说后，苏三有点好奇地问：“一再写小说，是不是会对真实世界和想象世界产生混淆？”

小说家露出一个意味深长的笑容，说：“什么是真实呢？有人说心灵才是唯一的真实。小说并不完全是无中生有的想象，它是心灵对现实的一种再修饰或者再创造，让生命能更符合我们的心意。有时候，想象的东西比真实的东西更让人觉得真实，因为那才是心灵所熟悉的东西。”

苏三觉得小说家说得有点玄，他陷入了沉默之中。

“那你为什么外出旅行呢？”这回换小说家发问。

“我想寻访轻盈之道，还有在人间飞翔的知识和技巧。等到我获得了这些，我就开始过真正的生活。”苏三毫不隐瞒地说，脸上也露出期待的神色。

小说家听了，不禁失笑。

“这有什么好笑的？”苏三感到轻微的恼怒。

“很多人都说只要如何如何，我就开始过真正的生活。但这一天，这真正的生活，却永远是在未来，而且可能根本没办法兑现。”

的确。苏三认识一个人，以前总是说“只要我有一千万元，我就可以过真正想过的生活”。但在有了一千万元，买了别墅后，他又说“只要我再有一千万元，我就可以过真正想过的生活”。

“我觉得你才是真正混淆了真实和想象哪！”小说家说，“你把‘真正的生活’放在未来，但未来只是想象。而且，既然在以后才能有真正的生活，那岂非表示你现在过的不是真正的、真实的生活？难道你不知道此时此刻才是唯一的真实生活吗？”

苏三哑口无言。

“你要相信，你现在就已经真正地在飞翔，为什么要等到以后呢？”小说家又站起身来，张开双手对着天空说。

内在革命

在前往深喉谷的途中，苏三遇到一个名叫弗洛伊德的流浪汉。

流浪汉的脸上和破旧的衣服上都布满灰尘，苏三不禁多看了两眼。

“你在看我吗？我一看就知道你的灵魂布满灰尘。”流浪汉以炯炯的眼神瞪视苏三，说，“只有没有思想的人，才会觉得自己没有像样的脸孔和衣服；只有迷失的人，才会认为别人没有像样的脸孔和衣服。”

苏三大吃一惊。他觉得眼前这个流浪汉也许是一个先知，一个伟大的旅行者，因此向他表达了学习的愿望。

“你在追寻什么呢？”流浪汉问。

“我在追寻我的自我。”苏三说。

“啊！”流浪汉深深叹口气说，“不要像一只鸟那样去寻找它的鸟笼。”

苏三倒是第一次听到有人将“自我”比喻成“鸟笼”。

“你需要追寻的是一场革命。”流浪汉说。

“革谁的命？”苏三问。

“革自我的命。因为自我不仅是一个鸟笼，更是一个专制的独裁者。”

苏三露出惊疑的神色。

流浪汉说：“自我会限制你的思想自由和行动自由，让你只能歌颂，而且只能有一套思想、一套价值观、一种生活方式；让你对接触不一样的观念、尝试不一样的生活方式感到害怕；而当别人表现出不一样的思想观念或生活方式时，又让你不能忍受，愤怒地想要惩罚对方。这不正是所有独裁者的共同特征吗？”

苏三想一想，觉得这好像也有些道理。他第一眼看到流浪汉时，觉得“不顺眼”，显然就是他内心“独裁式自我”的想法。

“生命中大部分的枷锁，都是这个专制的独裁者为我们套上的，他是让我们思想闭塞、心胸狭窄、生活单调苦闷的最大元凶。每个人都受到他的暴力统治而不自知，却还四处去追寻什么自我！”

“那要如何推翻他的暴力统治？”苏三问。

“独裁者最怕的是他的禁锢和封锁失效，让人们知道还有别的思想、价值观和生活方式。所以只要你乐于去认识与你原先不同的价值观，勇于去尝试不一样的生活方式，围墙倒塌，他自然就会垮台，而你也得到了真正的解放。”

流浪汉说着，就朝着与苏三相反的方向远去。苏三看着他的背影，觉得他的确是一位先知。因为看到了流浪汉，苏三的独裁式自我少了一点对他的暴力统治。

难水上的船夫

苏三来到一条河边，只见河水滔滔。

问了人才知道，这条河名叫“难水”。因为在它平静的河面下，隐藏了无数的暗礁和漩涡，经常造成意外，夺走过不少人命。

想到下游去的苏三来到码头。以防万一，他特意挑选了一个上了年纪，看起来经验老到的船夫。

在河中，小船忽而向左，忽而向右，忽而靠中间而行。

苏三一直注意着河面，看到一些乱流和暗礁的可疑踪影，他有点紧张，问船夫说：“老先生，您对这条河里的每一处暗礁和漩涡，应该都已经摸得一清二楚、了如指掌了吧？”

船夫说：“我年轻时候，确实很注意去辨认那些暗礁和漩涡，但它们实在太多，记也记不清。后来我想通了，觉得要将它们摸个透，只是在浪费时间而已。所以老实告诉你，到现在，我对河里的暗礁和漩涡还不十分清楚。”

苏三感到诧异，甚至开始担心起来：“什么！如果您不知道哪里有暗礁，哪里有漩涡，那您又怎么能避开它们，安全行船？”

船夫看着河面，悠悠地说：“我为什么要在那些暗礁和漩涡中摸索呢？我只要知道深水在哪里，不就够了吗？”

苏三当下省悟了过来。

凡事都有光明和黑暗的一面，光明面就好比河里顺畅的深水区，而暗礁和漩涡就是黑暗面。很多人总是先去注意黑暗的一面，认为那才是“生命的真相”或“人生真实的一面”，甚至说“凡事都从光明的一面去看的人太过天真、太过‘鸵鸟’”。但只看黑暗的一面，而拒绝看光明的一面，难道不也是“鸵鸟”——自以为高贵的“鸵鸟”吗？他们注意黑暗的一面，也只是想避开它们而已，反倒不如像这位船夫，直接去了解河中平静安稳的深水区在哪里，然后沿着深水区航行来得明智。

在安全抵达目的地，付了钱，上了岸后，苏三回望河面，发现那个老船夫正蹲在小船上，悠闲地抽着烟，还对他微笑，仿佛在向他说：

“人生好比在河上行船，每一条河流都有它的暗礁和漩涡，每一个生命也都有它的失败、困顿、黑暗与悲观的一面，它们让生命搁浅、沉沦。

“但驾驶生命之舟的明智船夫啊！不要将眼光固着在那些暗礁和漩涡上，你要寻找的是能任你快意航行的深水航道。”

爱不必节俭

在由古堡改建而成的一家旅馆里，苏三和数名旅人在点着蜡烛的长石板桌上共进晚餐。

一个容貌古拙的乐师，仿佛来到古堡的吟游诗人，坐在一幅有点褪色的壁画前，边弹三弦，边唱着哀婉动人的情歌。苏三犹如置身于中古时代，坐在他对面的一名中年女子，停下刀叉，出神谛听乐师的弹唱。啊，她不正像是那幽居于古堡中，为一个漂泊骑士所许下的爱情诺言而伤神的贵妇人吗？

用完晚餐，苏三和那名中年女子在角落里喝咖啡，她是属于那种自信而开朗的“快捷熟女”，一个人四处旅行。

“你在寻找什么吗？”苏三想起他在深喉谷遇到的那个流浪汉。

“我在寻找什么？”中年女子露出一个妩媚的笑容，说，“很多人以为我只身旅行是在寻找爱，其实我是在付出我的爱。但请不要误会，我指的不是男女之爱，而是人与人之间单纯的爱。”

于是，像个爱的传教士，她开始向苏三宣扬她的“人间之爱”。

中年女子说她没有结婚，以前经常感到苦闷、空虚，一再地自问：“我是谁？”“我到底在做什么？”但所有的答案都让她失望。直到有一天，她想到一个答案：“我是被爱的，被上帝所爱，被父母所爱，被情人所爱，被亲戚朋友所爱。”她的心中立刻感到充实而温暖。

然后，这个答案很快又衍生出另一个答案：“我是爱人的，不只爱上帝，爱父母，爱情人，爱亲戚朋友，还爱萍水相逢的人。”付出爱比接纳爱更让她感到充实与温暖。

“爱是一个人所能拥有的最神奇的财富。爱跟金钱完全不同，金钱是要先拥有才能付出，而爱却是要先付出才知道自己拥有。金钱会因付出而减少，而爱却因付出而增加。”中年女子说。

“所以，爱不必节俭？”苏三问。

“对，不要像守财奴般吝惜你的爱。你付出越多的爱，就会发现自己拥有越多的爱，它好像一股源源不绝的活泉。这是我的亲身体验。”

本以为她只是一个渴望爱情的怨女，苏三为自己原先的想法感到羞愧，他不禁嗫嗫地说：“你是我见过最美妙的女人。”但也许他很少这样赞美女人，竟又加上一句，“我不是在巴结你。”

中年女子嫣然一笑，很自在地说：“只要你心中有爱，你就会相信对方所说的是出自一片真心。”

于是，在古堡的烛光中，苏三心里也有了充实和温暖的感觉。

水族馆里的两种鱼

南海水族馆是翡翠城最大的水族宠物店，各种变种金鱼、稀奇古怪的鱼类、异色水母等，应有尽有，美不胜收。

苏三流连于座座水族箱间，仿佛置身于南海的龙宫。

有个矮胖的女人买了金鱼，在挑选鱼缸。

“鱼缸要买大一点，金鱼才能有足够的活动空间。”

苏三听到老板娘怂恿她买个较大的鱼缸。

老板娘说，以前有一位女士就是买了一个小鱼缸，养了两尾金鱼，一段时间后，鱼缸里面有点脏，她想清洗鱼缸，便先将金鱼暂时倒进装了水的浴缸里。

等她清洗好鱼缸，到浴缸捞鱼时，发现那两条金鱼就在浴缸的一角，绕着小圆圈游转，那圆圈的大小刚好就是原来鱼缸的大小。即使浴缸再大，它们也不敢超出原先的活动范围。

“你看多可怜啊！”老板娘发出哀叹，矮胖女人于是决定买个较大的鱼缸。

苏三想，这两尾金鱼的确可怜，被自己过去的经验束缚，而变得目光短浅。即使海阔天空的机会就在眼前，它们也不敢越雷池一步。

绕到另一边时，苏三听到一个高瘦男子指着他身前的水族箱，问老板说：

“这不是鲈鱼和鲦鱼吗？就我所知，鲈鱼一看到鲦鱼就会加以攻击，但在这个水族箱里，它们为什么能够相安无事呢？”

苏三瞧了一眼，发现那个水族箱里果然有两种鱼，较大的应该是鲈鱼，较小的就是鲦鱼了，它们果然悠游自在，相忘于那小小的水域。

“这是有秘诀的啊！”老板很得意地说出他的秘密招数。

原来他在放养它们时，先用一块玻璃将水族箱隔成两区，一边放鲈鱼，一边放鲦鱼。鲈鱼一看到鲦鱼，就奋力攻击，但只撞到玻璃，自己遭殃。

这样经过数天，在鲈鱼因此而遍体鳞伤，停止那白费心思的努力后，他再将分隔的玻璃拿掉，结果，即使鲦鱼游到鲈鱼的身边，鲈鱼也视若无睹。

“虽然环境不同了，但吃过苦头的鲈鱼已经死了心，完全放弃了攻击鲦鱼的念头，说起来也真是有点笨啊！”老板说。

苏三想，这些鲈鱼的确有点笨，被自己过去的经验所制约，因为几次的失败就心灰意冷，即使原先的目标就在眼前，它们也不敢再有所奢望。

走出水族馆，一阵热浪袭来，苏三忽然觉得心有戚戚焉。他们说的虽然是鱼，但其实也是在说人啊！

人千万不要像这些鱼，被自己过去的经验所制约、所束缚，因为几次的失败就心灰意冷，变得目光短浅，即使机会就摆在眼前，也不敢越雷池一步，不敢想望更高、更好的人生。

倾听隐士

在广漠之野里，苏三走了三个小时，终于看到一个人。那人负手站在一间茅屋的外头，望着苏三的来路，似乎有所等待。

当靠近时，苏三看出那个人神态悠闲，清瘦的脸上有一抹淡淡的笑意。

“您是在等人吗？”苏三与他打了招呼。

“啊，我只是站在这里。”那人说。

于是，苏三知道他是一个隐士，决定留下来，向他学习。

“如果你不觉得不方便的话。”隐士说。

傍晚，苏三和隐士漫步在附近的荒野小径。小径上开满了红色的、白色的、黄色的花。无数蝴蝶欢欣地飞舞，从一朵花到另一朵花。苏三一时兴起，竟想去捕捉蝴蝶。

“不要打扰那些蝴蝶，”当苏三走入花丛中时，隐士说，“有一个古老的民族认为，蝴蝶是他们的灵魂。”

苏三在花丛中停了下来。

“他们活着的时候，在深夜仰望天空，从这颗星到那颗星，采集宇宙中的神秘光芒；死了以后，灵魂就化为蝴蝶，在白天流连于原野，从这朵花到那朵花，采集自然的芬芳。”隐士说。

于是苏三的灵魂轻轻悸动着。

当晚，他们坐在一块巨岩上，仰头观望，从这颗星到那颗星。

良久，月亮自云端里探头，发出金色的光芒，照耀着远方一大片白色的芒草。

万籁俱寂中，苏三听到一阵细微而奇特的沙沙声。

“那是种子在土里发芽，想要钻出地面的声音。”隐士也听到了，他做了这样的解释。

半晌，苏三又听到一种遥远而陌生的呼呼声。

“那是地球在太空中转动所发出的声音。”隐士这样说。

苏三几乎不敢相信自己的耳朵。“如果你想飞翔，你就必须学习用耳朵的耳朵去倾听。”隐士微笑着说，“仔细倾听，你就会听到神的声音。”

深夜，苏三和隐士同榻而眠。隐士发出阵阵酣甜的鼾声，苏三用他耳朵的耳朵去倾听，觉得那仿佛是天使在演讲。

鹰山之巢

“这个山区本来有很多老鹰，所以叫作鹰山。但现在，根据我实地的调查，此处大概只剩下五六只老鹰而已。猎人的大量捕杀、老鹰的猎物的减少、栖息地遭破坏，都是原因。再过几年，鹰山也许就要成为历史名词了。”

在一棵视野辽阔的大树下，一个年纪比苏三稍大一点的年轻人感慨地说。他是附近一个城市赏鸟协会的会员。

苏三望着蓝天，希望能看到一只老鹰。

赏鸟者递过来望远镜，要苏三看对面山壁上的一棵树。苏三看到树上有一个很大的鸟巢，里面还有一只雏鸟。

“那是我们发现的两个鹰巢之一。”赏鸟者说。

“老鹰的巢？”苏三不禁又多望了一眼。

于是赏鸟者向苏三谈起了老鹰的巢。老鹰的巢很特别，主要是用树枝搭造的，树枝很尖锐，不过上面都会再铺上干草、羽毛、兽毛等柔软的东西。

赏鸟者说：“这完全是为小鹰着想，想给它一个温暖、舒适的家。”

苏三默默听着。想不到凶猛的老鹰居然也这么体贴。

“但在小鹰长到大约十周大时，老鹰就会将巢里的干草、羽毛、兽毛等清除掉，只留下粗糙而尖锐的树枝。”

“为什么呢？”苏三好奇了起来。

“啊，因为小鹰已经到了应该离开窝巢、学习飞翔的时候。为了不让小鹰依恋窝巢，所以老鹰就忍痛将它变得不舒适。”

“那小鹰是自己飞走的吗？”

“老鹰虽然很会飞，但并非天生就会飞的，”赏鸟者笑着说，“它几乎可以说是被迫学习飞翔的。当它站在已经不舒适的窝巢边缘时，老鹰就故意煽动它宽阔的双翼，让小鹰一下子失去平衡，跌落巢外。在翻滚下坠时，它只能本能地拍动它小小的翅膀，学习飞翔。老鹰则在一旁发出鼓励和教导的声音。”

原来小鹰是这样开始它们的飞翔生涯的。苏三为之肃然，老鹰如此对待小鹰，就跟人类期望子女能独立自主的父母一样，这大概是一种自然的智慧吧。

“如果你想飞翔，你就必须毅然离开那令你依恋的旧巢。”苏三望着蓝天，在心里对自己说。

心灵密道

在缥缈乡的小旅馆里，苏三遇到一个脸色非常苍白的修行者。

修行者说，他在离此三日路程的魔岩洞里修行已经十年，因为长期生活在地洞里，难得见到阳光，所以脸色有点苍白，但他的内心如火般炽热。他重新回到“地上”，是想和世人分享他在“另一个世界”的修行心得，传授世人去体验另一种生命的丰饶。

苏三被他的话深深吸引，恳求修行者的教导。

“你要先学会冥想，然后才能从事心灵的探险。”修行者说。于是，苏三依指示盘腿坐在床上，学习冥想的步骤，然后，在修行者的指导下，进行了如下的心灵探险。

他闭着眼睛，想象自己从床上起身，打开房间里衣橱最下面的一个抽屉，发现它是一道石阶的顶端。石阶非常古老，迂回而下，不知通往何处。

在微弱的灯光中，他好奇地步下石阶。越走越深，越走越深，终于来到石阶的尽头。他在昏暗中仔细辨认，才发现自己正站在一条暗黑河流的岸边。河流不知从何处来，也不知往何处去，只见岸边系着一条小舟。

他跨上小舟。于是，小舟在黑暗中随着流水飘荡。四周一片漆黑，他所能感觉到的只有河水的拍击声。小舟就这样漂浮着前进，也不知过了多久，前方忽然出现一点亮光，小舟驶向那亮光，驶过那出口。

顷刻之间，他就沐浴在温暖的阳光中。阳光满地，清风拂面，他听到鸟儿在树上歌唱，看到鱼儿在水中奔跃，风中传来阵阵花粉香和青草味。

小舟越来越深入森林，终于，滑进河边的一片低草地中。于是，他下了船，穿过那片草地，青草轻触他的双脚，微风柔抚他的身腰，他慢慢走，慢慢走，终于来到一棵巨树的前面，他坐到树下，坐在它巨大的阴影中。

然后，青草地上走来一个孩子，孩子向他微笑，苏三认出那是童年的自己。在那棵巨树下，他们玩了好一会儿。他对孩子说起别后这么多年来，他的种种经历、快乐和哀伤，还有他对孩子的思念。孩子好奇地倾听，因了解与同情而靠过来，和他拥抱。然后，消失在他的怀中。

当苏三睁开眼睛，再度回到他坐着的床上时，有一种恍如隔世的感觉。

站在床沿的修行者，微笑说：“每一个人的内心都有一个神秘而宁静的国度，等待你去探访。”

苏三觉得内心前所未有的宁静和丰饶，他决定以后要经常去探访自己内心的这个国度。

目中无人

世纪城是个竞技之城，它不仅拥有一流的竞技场、一流的运动员，更拥有一流的教练。

黄昏时刻，世纪城的田径场已人去场空。苏三站在空旷的跑道上，脑中仍不时浮现刚刚在这里进行的一场激烈的短跑竞赛，选手们个个疾如鹰隼般竞飞着。

然后，苏三看到一个名闻遐迩的田径教练。他上前致意，开门见山就问：“听说很多选手在上场比赛前，都会请您面授机宜。请问您面授的是什么机宜？”

“啊，其实也没有什么，我总是劝他们要‘目中无人’。”教练说。

苏三以为教练是为了增加选手的斗志才说这种话，但他还是问：“您是要选手不把对手看在眼里？”

“不是。”教练两眼望着空旷的田径场，想起他在这里看过的无数输赢成败，心中似有无限的感慨。

“如果有两个人赛跑，其中一个人落后时，眼睛就紧盯着前面的对手；超前时，又不时回望对手，怕对手追赶上来。你想他会赢还是会输？”

“输的可能性比较大。”苏三想了一想，如是回答。

“对。”教练说，“要跑得好、跑得快，一个人的心思和身体必须合而为一。但不管超前或落后，他都把心思放在对手身上，身心不能配合，自乱阵脚，这就是他会输的原因。”

苏三细细品尝这些话。

教练继续说：“人总是在和他人比赛时，跑出最好的成绩。竞争可以激发一个人的潜能，我们不必害怕和人竞争，而是要去除不当的竞争心态。

“将心思放在对手身上，不仅不当，而且可怜。不管参加竞争的对手有几名，看热闹的观众有多少，一个有自信而自在的竞争者永远觉得只有他一个人在场。自信，是相信自己；自在，就是别人不在。

“所谓‘目中无人’，并不是要你自大，而是要心无旁骛，眼中没有别人的存在，专心地表现自己。”教练微笑着说。

苏三望着前方空无一人的跑道，觉得这正是他所需要的竞飞之道。

在人间飞翔，总免不了要与人竞争。有竞争才会有进步，但不管输赢，他都应该“目中无人”，专心表现自己就好。

青春庆

青春之城刚建立时，市民都正值青春年少。

当苏三抵达时，城里的老人已多于中年人，中年人也多于青年人，但整座城市仍洋溢着青春的气息。

苏三住在一间家庭式的、让他有宾至如归之感的客栈。客栈的主人刚好过五十岁生日，家人邀请苏三同乐。

丰盛的晚餐过后，主人的女儿端出了生日蛋糕。奇怪的是，主人却只在蛋糕上插了两根蜡烛。

“您不是已经五十岁了吗？”苏三露出困惑的神色问。

“哈！今天是我二十岁生日的三十周年庆。”主人满面春风地说，“我希望永远保有二十岁时的心情！”

难道这就是青春之城的秘密？青春，指的不是年纪，而是一种心情？

苏三被主人的心情所感染，他觉得眼前这位客栈老板，虽已长出银丝、小腹微凸，但在他的嘴角眉梢，他的举手投足之间，依然荡漾奔涌着令人羡慕的青春气息。

在吃蛋糕时，主人向苏三介绍青春之城对生命周期的一个特殊概念：

“在我们这里，当然也有中年人和老年人，但只有童年期、少年期和青春期三个阶段。三十五岁是中年人的童年期，四十五岁是中年人的少年期，五十五岁是中年人的青春期；六十五岁是老年人的童年期，七十五岁是老年人的少年期，八十五岁是老年人的青春期。”

多么新奇而又令人振奋的想法啊！难怪在青春之城，每个人都充满了朝气，充满了活力，因为每个人都有三个童年、三个少年和三个青春。

“这是我的第二个青春，但也是更好的青春，因为我已经有了更多的经验、智慧、时间和金钱。”客栈主人愉快地说。

苏三向他请教如何永葆青春的心情。

“要想保持青春的心情，就是去想年轻时候想的问题，追求年轻时候的追求，唱年轻时候唱的歌。”

主人说着，然后放开嗓门，唱起了他年轻时候的一首流行歌曲，充满热情、喜悦、梦想的歌词和旋律，使得他的眼神闪闪发光，也使得原本觉得自己的青春正飞快流逝的苏三，跟着青春了起来。

格拉卡斯之夜

离开青春之城后，苏三和一个自称“漂泊者”的旅人在黑色森林里迷了路。

高大的乔木静默地伫立于四周，等待他们辨识，但他们再也无法辨识。终于，暗夜降临，他们失去了最后的线索。

回到刚刚经过的大岩石边，他们生起了篝火。火光中，苏三显得有点惊惧，他正为不明的前景而担忧；漂泊者却一脸安详，甚至可以说是愉悦的。

“从前，黑森林里有一个伟大的猎人，叫作格拉卡斯。他因为追捕一只羚羊，而从悬崖上掉了下去，当场身亡。一艘冥船来接他前往另一个世界，也许是一时涌起的渴望，格拉卡斯请求掌舵的幽灵船夫，掉头重返他可爱的故乡，结果他们在大海里迷失了方向。”

漂泊者缓缓说着，苏三静静听着。

“死后的格拉卡斯，因此而四处漂泊，几乎游遍了天涯海角，但就是无法前往另一个世界，也无法回到他可爱的故乡。

“他因四处漂泊而遇到很多人，经历过很多事，大家都认为他这种永恒的迷失，是因为他犯了罪，是上苍对他的残酷惩罚。

“但如此漂泊了两百年后，当别人问起时，格拉卡斯却说：‘这不叫迷路，这是我的第二个人生。’”

森林的至暗之处传来各种不明鸟类的叫声，有的尖锐，有的低沉。

漂泊者说：“如果不是迷失在这黑色的森林里，我就不会和记忆中的格拉卡斯重逢，你也不会在枭鸟的叫声中，以篝火取暖。但这是迷路吗？”

苏三说：“这不是迷路，而是一次难得的特殊经历。”

漂泊者说：“其实，我非常羡慕格拉卡斯。我离开家乡四处漂泊，已有三年的时间，别人也许会认为我是个迷途不知返的浪子。但什么是正途？什么是迷途？我只是不想走大家都在走的老路而已。对我来说，迷途就是新路，是开创崭新人生的契机。”

苏三觉得他跟这位漂泊者虽然只是萍水相逢，但却已仿如至亲的兄弟。他关心地问：“那你会继续漂泊下去吗？”

“啊，有一天，当我厌倦于航行，厌倦于飞翔时，也许我就会去寻找一个温柔的港湾，一个美丽的窝巢。”漂泊者说。

当晚，在篝火边，他们睡得很熟。第二天一早，他们遇到一位猎人，在猎人的指引下，顺利地走出了森林。

一场空

太阳很大，蓝天默默，一只鸟也没有，连稀疏的几朵白云也都停滞不前，一切似乎都处于静止状态。

乡间的黄土路上，有两条人影正缓缓移动，那是苏三和漂泊者，他们正准备前往朦胧之城，两个人都有点口渴，眼前忽然出现了一片青翠的葡萄园。

葡萄已成熟，饱满而静静地垂挂着。苏三环顾四周，一切都处于停滞状态，大地是如此光亮，而又如此死寂，他心里产生了一个朦胧的欲望。

“有一只狐狸，在路上闲逛时，眼前忽然出现了一个很大的葡萄园，果实累累，每颗葡萄看起来都很可口，让它垂涎欲滴。葡萄园的四周围着铁栏杆，狐狸想从栏杆的缝隙钻进园内，却因身体太胖了，钻不过去。”漂泊者忽然说起了故事。

苏三看着左侧的葡萄园，那些葡萄看起来也很可口，但他们能吃吗？

“那些葡萄看起来实在很好吃，欲望被挑起就难以止息，于是狐狸决定减肥，先让自己瘦下来。它在园外饿了三天三夜后，果然变苗条了，真是皇天不负苦心人，一试就顺利地钻进了葡萄园内。”

眼看就要走过葡萄园了，但漂泊者似乎还沉浸在自己的故事里。

“狐狸在园内大快朵颐。葡萄真是又甜又香啊！也不知道吃了多久，它终于心满意足了。但当它想溜出园外时，却发现自己又因为吃得太胖而钻不出栏杆了，于是只好又在园内饿了三天三夜，瘦得跟原先一样时，才顺利地钻出园外。”

他们终于走过了葡萄园，看到一个农夫在菜园里工作。

漂泊者看着苏三说：“回到外面世界的狐狸，看着园内的葡萄，不禁感叹：‘空着肚子进去，又空着肚子出来，我真是白忙一场啊！’”

前方依然是一片光亮和死寂。

苏三似乎有所领悟，说：“我知道你的意思了，这个故事在告诉我们：人双手空空的来到这个世界，然后又双手空空的离开这个世界，在这世间的一切，到头来也是白忙一场。”

漂泊者微笑：“我有这样说吗？看问题要看重点，这个故事跟人生一样，重点是在中间的部分：你看，狐狸在葡萄园内吃得多么快乐啊！

“即使生命是一场空，也要空得很充实；纵然人生是白忙一场，也要忙得很快乐。”

然后，苏三看到一只不知名的鸟在空中盘旋，心里有了一种朦胧的充实感。

星辰的意义

夜凉如水，群星璀璨。

距星光市南郊五千米的大孤山，如金字塔般耸立于旷野之中，是观星的圣地。苏三和漂泊者就躺在一处高岗的柔软草地上，望着寂静的星空。

它是如此纷繁，如此地接近，让人在赞叹之余，忍不住想去拥抱它。不论何时何地，每当人们在夜间抬头仰望时，总觉得那些璀璨的群星和人类似乎有某种神秘的关联。他们现在正也有着这种感觉。

“看！那是猎户座的腰带。”

苏三伸手遥指天际三颗成直线并排的星星，那是他少年时代最先认识的星座。

“人们总是想从混乱中看出意义。金牛、天蝎、人马、宝瓶、双子……星空因人类的定名而变得美丽，充满意义。”漂泊者说。

“听说迁徙的候鸟，在夜间飞行时，就是靠天上星辰的引导，而奇迹般地飞到它们固定的栖息之地的。”苏三说。

“是的，航行于海上的人类，在夜间也是靠星座来辨识方位，前往远方探险或是返回故乡。在赋予繁多的星辰美丽的名称后，它就成为一种可以传递的知识。”漂泊者说。

两人又静静地望着夜空半晌后，漂泊者向苏三提起了他所了解的另一种星辰：

“指引鸟类夜间飞翔的星光，是在宇宙中漫游了无数光年，才在现在进入它们眼中的，而那发光的星球本体可能早已死亡。

“指引我们在人间飞翔的其实是另一种星辰。很多民族认为天上的星辰曾经下凡来到人间，成为他们的英雄人物，开创新局，造福人群。

“古圣先贤和既往的英雄人物，正是我说的另一种星辰，他们虽然也像远方的星球，本体早已死亡，但他们的德行之光和功业之辉，却穿越历史长空，进入后人的心中，照亮和指引我们的前程。”

于是，在那片柔软的草地之上，苏三认识了星辰的另一种意义。如果他想在人间飞翔，那么，既往的英雄人物就是指引他前程的星光。

人生三不幸

“每一个生命的价值，在于彼此互不相似。”

在懊悔溪畔的野餐桌上，来自凯旋市的一个漫画家，吃完了简单的西点，拍拍手，对苏三如是说。

苏三在知道他是个漫画家后，羡慕地说：“现在漫画很吃香哪！”漫画家却说他的漫画是非主流的，没什么人看。当苏三露出同情的神色时，漫画家说出了前面那句话的言外之意是：“我的漫画的价值，在于和其他漫画互不相似。”

漫画家说，不久前，一个小学同学忽然和他联络上，多年不见的同学如今已经是一家公司的董事长，住的是豪宅，开的是名车，同学热情地招待依然身无长物的他到一个私人俱乐部用餐。

漫画家说：“人生有三不幸。第一个不幸是和你以前的同学、同事、朋友互相比较，相较之下，发现对方居然拥有很多自己所没有的东西，而心生羡慕，或对自己这些年来到底在做什么产生怀疑，感到懊悔。”

“那第二个不幸呢？”苏三问。

“第二个不幸是只在看得见的物质层面做比较，譬如房子多漂亮、汽车多名贵等，但精神生活是否丰富、夫妻是否恩爱、家庭是否美满、人际关系是否和谐等，大家反而讳莫如深，不想提起。”

“那第三个不幸呢？”苏三又问。

“第三个不幸是在比较之后，总是看到自己所没有的，忘了自己所拥有的，而开始去追求自己所没有的东西，也不问自己是否真的喜欢那些东西。为了想跟别人一样，结果反而失去别人没有的、更珍贵的东西。”

漫画家说的似乎是自己的心路历程。

“事实上，我就是因为对那位同学，还有漫画同行的成功心生羡慕，说不定还有一些嫉妒，才出来散散心的。嫉妒别人，就是对自己感到失望，在否定自己。但这几天终于想通了，我为什么要跟别人比较呢？为什么想跟别人一样呢？我是不想做自己，而想成为别人吗？”

在连续说了几个“为什么”后，漫画家的神色缓和了下来，他安详地说：“每一个人的生命都是有限的。生命就是自由地选择自己的有限性，只要你认为那是出于自己的自由选择，就不必和别人比较。我和别人当然不同，当我开始欣赏自己时，我就不再嫉妒别人，而且也开始欣赏他们和我的不同。”

虽然没有看过漫画家的漫画，但苏三肯定，那一定是跟别人不同的，值得他好好欣赏。

天堂或地狱之匙

十字路口有一个十字亭，十字亭旁有一个木架，上面摆着一人桶茶水和一个茶杯，桶上贴着“免费奉茶”的字条。

正觉口渴的苏三，喝了一大杯茶后，到十字亭里歇脚。亭子里已坐了一对父子模样的中年人和少年，看起来像是出来郊游的。

没坐多久，前方蔚蓝的天空中出现了排成“人”字形南飞的雁群。

“这些大雁在飞时排成了‘人’字，真奇怪，难道它们认得字吗？”少年望着天空，好奇地问。

“这里面有个意思，飞在前面的雁，翅膀的左右后方会形成一股上升的气流，跟在后面的雁飞在这股上升气流里，可以节省很多力气。它们是在互相帮助，第一只在帮第二只，第二只又帮第三只。”中年人说。

“那飞在最前面的第一只不是很累吗？”少年又问。

“带头的第一只是比较累，但当它飞累了，就会退到后面，由其他的雁递补。”中年人很耐心地解释。

苏三觉得很有意思。他忽然想到汉字里的“人”，也是靠两条歪斜的线互相支撑、互相扶持，难怪有人认为雁成“人”字飞行，有严肃的象征意义。

中年人忽然又对少年说了一个故事。

有一个人死后，在另一个世界里遇到了上帝，上帝决定带他去参观一下神国的领域。他们先来到一个很大的房间，里面有很多人围坐在一口很大的锅四周，锅里传出阵阵的炖肉香。但每个人的表情都很沮丧，因为每个人手里都拿着一把柄很长的汤匙，从锅里舀出来的肉根本放不进自己的嘴里，结果大家都愁眉苦脸。上帝对那个人说：“这就是地狱。”

然后，他们又来到另一个很大的房间，同样有很多人围坐在一个很大的炖肉锅边，每个人手里也都拿着一把长柄汤匙，但大家的脸上都露出快乐的笑容，显得十分满足。因为每个人将自己舀出来的肉送到对方的嘴里，他们因彼此喂食，而得到无比的满足。上帝对那个人说：“这就是天堂。”

讲完了故事，中年人对少年说：“天堂跟地狱的差别，就在人的一念之间。大家互相帮助，就是天堂；自私自利，就是地狱。像我们刚刚喝的茶水，就是有好心人士想帮助我们而准备的，我们今天得到别人的帮助，明天也应该帮助别人，那就是天堂。”

苏三觉得他上了宝贵的一课：要想在人间做更轻盈、更快乐、更持久的飞翔，有置身于天堂的感觉，那就要像天上的大雁，和他人互相扶持，互相帮助。

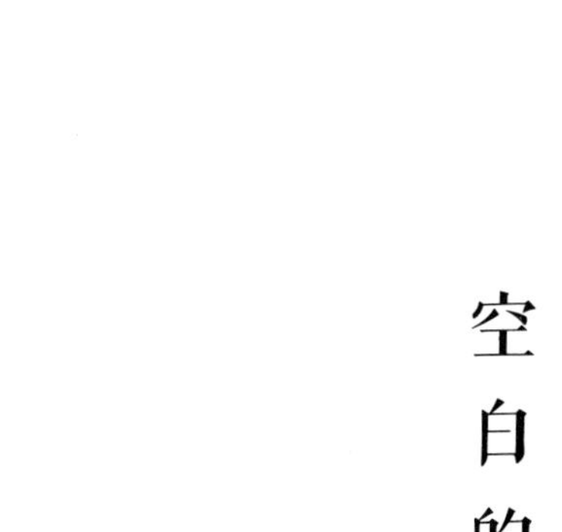

空白的画

梦幻市一共有七个占梦师和八个魔术师。

苏三邂逅了其中一位魔术师。魔术师的家在梦幻市的深处，一条梦幻巷弄的更深处。当他们抵达时，已是傍晚时分，魔术师点了灯，苏三发现墙壁上挂了一幅画，但黑色的画框内空空如也，什么都没有。

苏三以为它是一种特殊的魔术画，便歪斜身体，从各种角度去观看，并用台灯去探照，但还是一片空白，什么也看不见。

“请问这是一幅画吗？”苏三好奇地问。

“啊，它是我最喜欢的一幅画。”魔术师说。

“但画的是什么？我为什么看不见？”苏三实在是一头雾水。

“你必须先让你的心灵飞翔，飞翔在想象的国度里，然后你才看得见。”魔术师笑着说，“这是一幅要用想象力去看的画，当我想象上面正挂着达·芬奇或凡·高的画时，那些名画就会清楚地浮现在我眼前。”

魔术师神秘的眼睛注视着画框的空白处，仿佛真的看到了达·芬奇或凡·高的画。

苏三也跟着观看。想象那是一艘船，结果好像从空白中看出了一点东西，一丝模糊的船的踪影。

“每个人都会想象，但多数人都只有模糊的想象，也许是一开始就认为那是虚假的，而不认真去想象。既然要想象，就应该做栩栩如生的想象，巨细无遗的想象，从空无中创造出丰富的意义来。”魔术师说。

苏三听得有点心动了。

“空无有两种含意：一是什么都没有，二是什么都容得下。这是我所理解的最迷人的概念。”魔术师喃喃低语。

“那这幅画的名字就叫作‘空无’吗？”

“它没有固定的名字，最近我喜欢称作它‘我的自画像’，我未来的自画像。”魔术师说，“当我面对画框，想象自己五年后、十年后的模样时，一个影像就会清楚地浮现在我眼前，但每次浮现的影像都不尽相同。”

“你相信你未来的模样会跟你现在想象的一样吗？”苏三问。

魔术师笑着说：“未来是什么都没有，但又什么都容得下。未来还未定型，它充满各种可能性。如果未来跟我想象的一样，那只表示我的未来的贫乏和我想象力的贫乏。”

于是，在空白的画框前，苏三也开始想象起自己的未来。

改变过去

在鳄鱼湾的一家民宿，晚餐后，苏三和几个旅人坐在海边的一个茅草凉亭里泡茶、聊天。黑蓝海上的黑蓝夜空中，出现了一个快速移动的光点。

“会不会是飞碟？”旅人甲惊呼。

“是飞机啦！”旅人乙定睛一看后，释然地说。

于是大家在小小的凉亭里谈起了飞碟、外星人，还有宇宙的奥秘。

“很多顶尖的物理学家都相信，将来有一天，人类可以穿越‘时光隧道’，回到从前，改变过去。”旅人甲说。

“如果一个人能回到从前，改变过去，那该有多好？”苏三附和着说。

“那一定会天下大乱。”旅人乙说。

“你现在就可以改变你的过去。”旅人丙却笑着说。

“怎么个改变法？”苏三好奇。

于是旅人丙要苏三说一件他想改变的往事。

苏三说："我读初中时，也不知道为什么，就是看班上一位同学很不顺眼，因为很小的一件事打了他，将他打得很惨。但那位同学并没有向老师报告，不过以后就一直避开我。后来这位同学搬家转学了。去年，我听说他因为车祸而不幸丧生，心里很难过。

"想到他说不定是因为被我打才转学的，更让我有挥之不去的罪恶感。我很懊悔年少时代的鲁莽，但事情已经发生，又要怎么改变呢？"

在座的其他人也都露出好奇的神色，想听听怎么个改变法。

"已经发生的事情的确不能改变，但你可以改变对它的看法，改变它对你所具有的情感意义。"

旅人丙说："就拿你所说的那件事来说，你的懊悔和罪恶感，已经让你饱尝了它的苦果。现在你对那位同学有了宽容的心，我想他如果在世，也应该会宽容你，会原谅你。所以，你在自责后，应该学习原谅自己。以原谅自己的心情，重新看待那件事，'重建'一个可亲可爱的过去，这就是我所说的改变。"

大家都沉默着表示同意。至少，这是目前我们所能做的改变。

过去也许有过种种挫折、鲁莽、错误和尴尬，如果你对它们的看法是负面的，情绪是灰色的，那你就不会有什么光明的前景。但只要你改变你的认知，用一种欣赏、珍惜、宽容的心来重新看待过去的种种，“重建”一个可亲可爱的过去，那么，“新的过去”将带给你一个新的人生。

死亡的憧憬

几明茶香。苏三和一个旅途中认识的牧师，在一家清幽的茶馆里边喝茶、边聊天。苏三谈起他对未来的憧憬，牧师很有兴致地听着。

等苏三说完了，牧师说了一句话："生命是无常的。"

苏三有点奇怪。"无常"应该是和尚所说的话，牧师为什么也这样说？但他对未来的憧憬、种种计划，在"无常"的烛照下，似乎都变得有点空幻。

"很多人认为无常就是苦，其实我觉得无常反而是乐。"牧师说，"如果未来完全照你所憧憬的按部就班、一成不变地实现，那恐怕也很无趣吧？事实上，未来不可能完全照你所想的发展。正因为生命无常——不是一成不变的，而是柳暗花明、难以预期的，所以才会让人觉得惊奇。"

这种"无常观"倒是跟一般所说的不同，但却有积极的一面。

牧师问："未来中唯一的'常'也许是死亡吧，你对死亡有什么憧憬呢？”

苏三一下子愣住了，他从来没想过这个问题。

“在对未来的各种憧憬中，你对自己必然的死亡难道没有任何想法吗？”

苏三支吾着说：“我想，大概是……七十几岁时会死吧……说不定不到六十岁就死了。”

“怎么死的呢？”

“也许是癌症吧，说不定是心脏病。”

想到这些，实在令人有点不愉快。

牧师喝了口茶，说：“虽然你平常没有认真想过这个问题，但你刚刚所说的，很可能就是你潜意识里的死亡意象。如果你不到六十岁就死了，那你的人生已经过了三分之一了！不管是因为癌症或心脏病，都是来自你身体本身的败坏，你认为你的体内携带着死亡因子，它们正一天天地在膨胀、壮大，最后终将吞噬你。”

苏三忽然觉得，这样的死亡意象让他的未来蒙上了一层黯淡的色彩。

“那你对死亡又有什么憧憬？”他反问。

牧师笑着说：“我憧憬自己是在八十五岁时，搭飞机出国旅游，因意外事故而丧生。这样的死亡不是因为隐藏在体内的败坏因子，而是来自不可抗拒的外力，以这样的死亡憧憬去规划你的未来，你将有一个崭新的视野。”

死亡虽是“常”，但怎么死却是“无常”的。既然“无常”，那不妨对自己的死亡多用一点想象力。

侏儒的微笑

在悲情城市，苏三因为旅馆女服务生的强力推荐，去看了一出古装戏。

戏码其实是相当老套的才子佳人的爱情悲喜剧，但却座无虚席。看到一半，苏三终于了解了它卖座的原因。

整出戏里最引人注目的应该是扮演男主角的书童的那位侏儒了，不到一米的五短身材，配上一个大头颅，本应该是让人同情或嘲笑的对象。但他时而辛辣、时而滑稽、入木三分的表演，赢得了观众最多的掌声和笑声，他的风头也远远胜过男女主角。

看完戏，回到旅馆后，女服务生关心地问："怎么样啊？"

"不错，那个侏儒演得很出色。"苏三说。

"他是我的朋友啊！"女服务生很得意地说，好像与有荣焉。

女服务生说，那个侏儒以前是她的邻居，小时候他们经常在一起玩。后来，当大家都一个个长高时，他却还是那么矮小，结果就成为别人作弄和嘲笑的对象。本来很快乐的他就变了，变得很自卑、很阴郁。

“我觉得他很可怜，想安慰他，但他反而以为我是在讥笑他。他甚至恨起自己的母亲来，他母亲只能对他说抱歉，说她也不知道为什么会这样。”

“但他现在很开朗，好像还很自豪自己是个侏儒呢！”苏三说。

“那是因为他母亲的一句话，好像在他十五六岁时吧，他母亲看他自暴自弃，流着眼泪对他说：‘老天爷要我把你生成这副模样，一定是有什么特殊的用意，有和别人不一样的目的，你要自己好好想一想。’”

女服务生说，后来他终于想通了。上帝将他生成这个样子，也许就是要他来让正常人高兴的。当他这样想时，原本被他视为奇耻大辱的他人的笑声，就成为他欢乐的来源。于是他加入了剧团，专演插科打诨的小丑角色，观众越笑，他就越开心，越想让他们开怀大笑，进而越琢磨自己的演技。十几年下来，他终于成为一个让人鼓掌喝彩的出色演员。

“不久前，他来找过我，跟我谈了很久。毕竟我是他童年最要好的玩伴啊！他说他找到了他存在的特殊目的，有别于一般人的生命意义。当我为自己只是一个小小的服务生而悲叹时，他反而安慰我说：世界上没有什么小角色，只有小演员。即使是最不起眼的角色，一个优秀的演员也能将它演得有声有色。这句话给我很大的安慰呢！”

“你也是个很出色的服务生哪！”

苏三真心赞美她，眼前浮现出那个侏儒的微笑。是的，老天爷对每个人都有不同的安排，接纳自己的角色，将它演得有声有色，就会赢得掌声，那就是飞翔。

雾里的歌声

来到失落地的第二天，苏三和一个经常来此钓鱼的房客，到附近的溪边垂钓。

钓鱼客钓到了鱼，就在旅馆里请厨师料理，见者有份。苏三昨天晚上就吃了他提供的砂锅鱼头，相当鲜美。其实苏三没钓过鱼，他之所以同行，纯粹是为了尝试一些新的东西。但当看到对方钓起的一尾活蹦乱跳的大草鱼，等一下就要成为他们的盘中餐时，不禁有些手软。

“这些鱼就是贪吃饵才会上钩，怪不得谁！”钓鱼客很自在地说。

苏三忽然觉得对方有些残忍，但想想自己平日吃的鱼不也是别人所钓、所抓的吗？所谓“眼不见为净”，自己的“慈悲”大概也是经不起考验的吧?

当钓鱼客又钓起一尾鱼后，他说：“好了！好了！其他的就放它们一条生路吧！”

在收拾钓具时，白色的薄雾缓缓降临青翠的溪谷，雾中忽然传来一串甜美的歌声，宛如黄莺出谷。于是他们循声而往。

一个少女蹲伏在一洼静水边，一边看着水黾在水上曼妙滑舞，一边唱歌。苏三和钓鱼客驻足倾听，一曲终了，他们拍手："你唱的歌真好听。"

少女忽地抬头，苏三看到的竟然是一张粗粝，甚至可以说是丑陋的脸。他一阵错愕，极度失望，心里直呼："为什么那么甜美的歌声是来自这么丑陋的容颜？"

少女似乎从他的表情中窥知了他的心意，慌忙起身，遁入雾中的树林。

雾越来越浓，苏三和钓鱼客往旅馆的方向默默地走着，好像各有心事。

过了许久，钓鱼客说："你知道吗？有着悦耳嗓音的夜莺，长得一点也不美丽。一般说来，能发出悦耳叫声的鸟类，羽毛通常都很朴素，而且多半隐身在不容易被看见的树丛里。"

苏三觉得那个少女就像夜莺，他为自己的鲁莽反应感到后悔。

"我听说，在多雾的地方，花也开得不怎么娇艳，却会散发出一股迷人的芬芳。"钓鱼客继续说。

"当然，说迷人不太对，其实是为了吸引昆虫来传播花粉。在多雾的地方，视觉并不重要，芬芳的花比娇艳的花更经得起考验，也更让人赞赏。"

苏三觉得那个少女就是在雾中散发芬芳的花朵，而这个钓鱼客就是一个见多识广、慈悲为怀的赏花者。

于是，他再度怀想，赞叹：“这么丑陋的容颜何以能唱出那么甜美的歌声？”

但愿自己能化身为腰间系着花粉篮的仙童，再度去探访那芬芳的花朵——歌声曼妙的少女，向她谢罪。

重担的考验

深夜，苏三和几个同住一家旅馆的房客穿过无人的大街小巷，来到虽然阑珊但依旧温暖的夜市，吃点宵夜，喝点酒。

几杯黄汤下肚，面色酡红的房客甲，忽然拍着桌子，烦闷地说："为什么我要背负比别人更重的担子，接受比别人更严酷的考验？我觉得老天对我太不公平了！"

大家一时不知所措。房客甲转动他有点混浊的双眼，类似自言自语地说，他十岁时父亲离家出走，十四岁时母亲过世。为了养活弟弟妹妹，他只好辍学，一大早送报纸，白天到炼铁厂工作，晚上还要和弟弟妹妹做家庭代工。好不容易熬到三十岁，弟弟妹妹长大成人，而他也和心爱的女人结婚，本想可以苦尽甘来，谁知道婚后四年，唯一的儿子竟得了小儿麻痹症。他和妻子四处求医，但儿子依然不良于行。现在每当他看到儿子架着拐杖走路的模样，心里就有很深的歉疚感，而且感到郁怒，觉得老天爷对他实在太不公平了……

房客乙拍拍他的肩膀，安慰他说："你要骂老天无眼，就痛痛快快地骂吧！”

苏三想，骂骂老天爷，也许不失为发泄郁闷的一个途径。

坐在一旁的房客丙，喝了一口酒，说：“老天爷对你的确不公平，但也许你可以换个想法。假设你有两头驴子，一头又壮又猛，一头又瘦又病，你准备用它们运八袋米到某地，你会怎么分配呢？”

房客甲默不作声。公平的分配当然是每头驴子各扛四袋。但苏三想，这样那头又瘦又病的驴子可能就会吃不消。

“如果你让又壮又猛的那头扛五袋，又瘦又病的那头扛三袋，但别人却说你偏心、不公平时，你会怎么想呢？”房客丙问。

“这不是不公平，而是让它们量力而为。”房客甲闷闷地说。

“这就对了，”房客丙说，“老天爷如果让你承受比其他人更多的负担和考验，也许不是对你不公平，而是它认为你比其他人坚强。”

房客甲似乎在沉思。这倒是苏三从来没有想到过的观点。

“我听说上帝总是考验坚强的人。只有够坚强的人，上帝才会让他背负重担，接受生命的考验。”房客丙说，“如果你能这样想，那么那些原本让你不满的考验，都会成为你更上层楼的砥砺。在面对它们时，你会变得既骄傲又轻松，因为那表示你比其他人坚强。”

房客甲脸上的怒容因而消失了一些，又自个儿倒了一杯酒。

夜色凄迷，路灯朦胧。苏三也跟着感奋地喝了一杯酒。

天空的观想

苏三听说方块高原上，有一位智者深谙人间飞翔之道，特地前往拜见。

当苏三抵达时，智者正端坐在一棵石板屋前的松树下。

“有人告诉我：‘如果你想飞翔，你就必须保持轻盈。’不知道您认为这种说法如何？”苏三恭声问道。

智者用如古井一般深邃的眼睛望了苏三一眼，旋即闭上眼睛。然后，忽然又睁开眼睛，抬头望向西方天际。

“那是什么？”智者问。

“一只鸟。”苏三跟着抬头，看到天空中有一只飞鸟，如是回答。

“天空那么大，鸟那么小，”智者有点刁难地问，“你为什么只说那是鸟，而不说那是天空？”

“因为天空只是背景，而鸟是当下浮现的焦点。”苏三辩解。

“没错，是焦点。但就是太‘焦’了一点。”

“您是要我看淡一点？”

“不是，我是想劝你看大一点。将那万分之一的焦点，置于万分之九千九百九十九的背景中。”智者说，“就好像将我们所住的地球置于浩瀚的宇宙中，将我们的生命置于历史长河中去观照一般。”

然后，智者闭上了眼睛。不久，又睁开眼睛，望向东方天际。

“那是什么？”智者问。

“一团水。”苏三跟着抬头，看到一朵云，便回答道。

“明明是一朵云，你为什么说那是一团水呢？”智者又有点刁难地问，“难道你把一头牛称为一堆细胞吗？”

“我说的是本质，而不是表象。”苏三争辩说。

“没错，是本质。但就是太直白了一点。”

“那您是要我想歪一点？”

“不是，我是劝你想得花哨一点。那一团水是什么呢？你想的是两个氢和一个氧，”智者说，“但我想的是亚马孙河、长江和多瑙河，它们的水滴经过漫长的旅程，在空中相会，成为我们眼前这朵美丽的云彩。”

然后，智者又闭上了眼睛。

于是苏三悟到，飞翔不只要轻盈，更要广袤与深邃。

阳光和阴雨

在阳光之城，有一句家喻户晓的话：“那些候鸟为什么南迁北徙？啊，因为它们在追寻阳光。”

所以，到阳光之城来的游客，都被该市的市民私底下称为“那些候鸟”。

当苏三像候鸟般来到阳光之城时，城中却下着雨。第二天一早醒来，依然下着雨，当他离开旅馆，到附近的小吃店吃过早点后，外面还是下着雨。

“一大早雨就下个不停，唉，太阳什么时候才出来？”站在小吃店的屋檐下，看着灰蒙蒙的天空，苏三近乎抱怨地说。

“虽然天色不太好，但我看太阳早就出来了，只是被云层遮住，我们看不到而已。有些飞在云层上的鸟，可能会发现那上面阳光普照呢！”旁边一个戴墨镜的中年男子笑着对苏三说。看他那一身打扮，应该也是个游客，苏三有点奇怪他为什么在下雨天还戴着墨镜。

不过他说得倒是没错。不管在世界的任何角落，也不管是下雨、台风或起雾，每天早晨，太阳都会从东方升起。

在一阵寒暄后，苏三和墨镜男子到附近的博物馆参观兰花特展。蝴蝶兰、四季兰、新美娘兰、一叶兰等，或孤芳自赏，或争奇斗艳，让人犹如置身众香国中，心旷神怡。

参观的人还真不少，每个人的脸上都露出笑容，仿佛就是室内的阳光。但那个男子依然戴着墨镜。

午后，太阳出来了。不，应该说遮住阳光的乌云散去了，金光万丈，再度照耀着整个大地。苏三和墨镜男子到郊外的一个古战场溜达，山上有个古炮台，两支生锈的炮管兀自斜指苍天，林间有几处当年阵亡将士的坟冢。

“你看！在阳光中，连生锈的炮管都闪闪发光哪！”墨镜男子说。

果然。苏三发现连树林间的那些墓碑也在闪闪发光，好似逝去的生命又重新获得生机。

“您为什么老是戴着墨镜呢？”苏三终于忍不住问。

墨镜男子露出一个神秘的笑容，说：“告诉你一个秘密，墨镜戴久了，你就会看到阳光，心中的阳光。”

然后他抬头望天，像一只高飞的候鸟，让苏三想起“不畏浮云遮望眼，自缘身在最高层”这样的诗句。

苏三因而笑了。是的，不要让任何东西遮住内心的阳光。

凯旋的仪式

凯旋市因有十几座凯旋门而得名。

每座凯旋门都矗立在通衢大道的路口，上好的大理石材，使它们永远给人宏伟、华丽而又坚固的感觉。虽然每一座凯旋门的雕饰各异其趣，但都代表着一次辉煌的胜利和这个城市傲人的功绩。

每隔一段时间，市民就会出资兴建一座新的凯旋门，来迎接从远方胜利归来的将军。较宏伟的门庆祝较大的胜利，较小巧的门则纪念较小的胜利。

当苏三抵达凯旋市时，又有一座新的凯旋门落成。市民正扶老携幼，簇拥在街道两旁，准备迎接胜利归来的将军。苏三加入了行列，被兴奋的气氛所感染。

不久，只见英姿焕发的将军带着他的部将，搭乘礼车，从大道那头缓缓而来。车队所经之处，人头攒动，一波又一波的欢呼声此起彼落。昂然站在礼车上的将军，不断向民众挥手致意，脸上虽然有着几许风霜，但是掩不住内心的那份骄傲和欣喜。

当他威风凛凛地穿越凯旋门时，群众爆发出最热烈的欢呼，响彻云霄。那正是每个将军梦寐以求的光荣时刻。

就在这个时候，不知从何处忽然冒出一个身穿迷彩装的士兵，飞奔到大道中央，挡住将军的礼车。整个城市霎时变得鸦雀无声，只听那位士兵以洪亮的声音对将军说：

“将军，您的心绝不能因为这一次的胜利而变得骄傲、迷惘，您绝不能因为听到群众的欢呼而忘了自己是谁。如果您得意忘形，那您将会身败名裂。”

将军微微颔首，说：“谨受教。”

于是，围观的群众热烈地鼓掌，整个凯旋仪式在这里达到了最高潮，也才算正式结束。

据说，凯旋市就是因为有这种特殊的凯旋仪式，才能在数百年间，维持常胜的声名于不坠。

在人群逐渐散去后，苏三站在崭新的凯旋门边，欣赏那代表胜利的各种浮雕。他发现，就在门额上方的正中央，雕着一只展翅高飞的大鹏鸟。

那大鹏鸟望着蓝天，仿佛在说：

“如果你想继续飞翔，你就不能得意忘形。”

灵魂与来世

千禧山上有一座刹那寺。当苏三来到刹那寺时，已经入夜。寺门深锁。

苏三敲门，许久，一个老和尚来开门。苏三说他是错过路程的旅人，想在此寄宿一晚。老和尚微笑颔首，请他入寺。

曾经香火鼎盛的名刹，如今竟已僧去寺空，只剩下老和尚一个人。苏三随着老和尚走过死寂的大雄宝殿、年久失修的回廊、紧闭的禅房，心里产生了一种刹那生灭的奇妙感觉。

两人默默用过斋饭，夜已经黑沉。老和尚引苏三到他的禅房，那是寺内唯一可以住人的房间。

孤灯下，老和尚在看书，苏三被一种神秘的气氛所包裹，刹那之间，想起了生死无常的问题。

“师父，人到底有没有灵魂呢？”苏三问。

“也许有，也许没有。”老和尚说。

“如果人有灵魂，那师父您死后，灵魂会到哪里去呢？”

“它没有到哪里去的必要。”老和尚回答，继续看他的书。

真是奇怪的答案。苏三心想，也许是因为老和尚看开了，一切无所谓；也许是他对一切都很满意，所以没有必要去哪里。

“那人有没有来世呢？”苏三又问。

“你想有就有，你想没有就没有。”老和尚说。

“如果人有来世，那师父您来世想做什么人呢？”

“我还是想做我自己。”老和尚说，继续看他的书。

“难道您不想做什么大人物、大英雄吗？”

“因为我喜欢我自己，我想再经历一次同样的人生，但在很多关键的地方，我希望能有所改正，让我的人生变得更好。”

窗外，忽然传来一阵幽香，那是桂花香。老和尚从书本里抬起头，深深吸一口气，说：

“桂花已经开了，每年都开同样的花。”

刹那之间，苏三忽然有了一种空幻而又平静的感觉。

无名的城市

在无名市的市徽下面，印着一排小字："无名，万物之始；有名，万物之母。"好像是来自古代某个哲学家的深奥语录。

为什么这样大的城市，会以"无名"命名呢？一个老学究告诉初抵此地的苏三一个传说。

很久以前，有一位旅人来到这个城市。他对守城的卫兵说，他离开家乡，四处流浪，想找个理想的城市安歇下来。

"这是个怎样的城市呢？"旅人好奇地问。

"你的家乡又是个怎样的城市呢？"守城的卫兵反问他。

"唉，那是个令人失望的污烂城市，大家自私自利，道德沦丧，治安败坏。"

"那你会发现这个城市和你的家乡没有两样。"卫兵说。旅人听了，失望地掉头而去。

不久，又有一个人抵达，也想要进城安歇。

"这是个怎样的城市呢？"他同样好奇地问。

"你又来自怎样的城市呢？"守城的卫兵同样反问他。

"啊！那是个可爱的城市，人民温和友善，社会祥和安乐。"那人说。

"那你会发现这个城市跟你原来住的地方一模一样。"卫兵回答。于是那人高兴地入城。

老学究讲完后，苏三觉得这个传说很有意思。"但我还是不知道这里为什么叫作'无名市'啊？"

"世间的一切，包括自然和人为的种种，原都是没有名称的，是人们为了各种理由而赋予它们名称的。但一旦有了名称，就有了优劣、有了是非、有了差别，它是一切纷扰和不幸的根源。这个城市为了不灌输、不限制人们的想法，所以宁愿保存那最初的、无名的存在。"老学究说。

苏三于是了解，每个城市其实都有多重样貌，无法用单一的语汇来形容、来概括。你以为它美丽，就能看到它美丽的一面；你以为它丑陋，就会看到它丑陋的一面；你以为它自在，就能看到它自在的一面。

无名市，它没有固定的名字，由你的意识来决定它的名字。人生，也没有固定的称呼，由你的意识来决定它的称呼。

渴望飞翔的苏三，发现无名市其实是座飞翔的城市。

称赞与埋怨

逗留在无名市时，苏三对旅馆那位胖女服务生的服务态度有点不敢恭维。当她来整理房间时，如果苏三还在房间里，她就紧绷着一张脸，好像苏三妨碍她什么似的；向她要点热水或请她换条浴巾，也是拖拖拉拉，好像欠她钱似的。

苏三本来想向旅馆的老板反映，但一想到这可能让女服务生被炒鱿鱼，只好息事宁人。不过有一天，他在和隔壁房客闲聊时，还是忍不住透露他对那位胖女服务生的不满，连她的胖都被和“好吃懒做”画上等号。

“会吗？”隔壁房客听了，好像有点讶异，但他还是对苏三说，“那就让我好好开导她吧！”

第二天，苏三发现胖女服务生的态度已经大有改善，进来整理房间时，就笑容满面地向苏三问好，整理好房间，装好热水，还主动地为苏三泡茶。苏三有点受宠若惊，讷讷地说：“谢谢！”

但女服务生连声笑说：“不客气！”跟原先的她相比，

简直是判若两人。

当晚，苏三很高兴地将这种转变告诉隔壁房客，问道：“一定是你加油添醋，把我挑剔她服务太差的抱怨转告她了吧？”

“昨天晚上我遇到她，跟她提起了你，也加了油添了醋，”隔壁房客说，“但请你不要见怪，我对她说的跟你向我抱怨的刚好相反。我说你觉得她待人很亲切，有一种难得的、让人欣赏的内在美。”

苏三听了，有一点吃惊，也有一点惭愧。

“当我像你一样年轻时，我也喜欢挑剔和抱怨，因为我相信它会让对方知所警惕，带来改善。”隔壁房客微笑着说，“现在我年纪大了，越来越欣赏仁慈的人，因为我发现赞美与鼓励的效果可能更好。”

其实，“奖励比惩罚有效”这种道理苏三不是不知道，但要赞美、奖励一个我们已经看不顺眼、心生嫌恶的人不是一件容易的事。关键也许就在那位隔壁房客所说的，“你必须足够仁慈，仁慈到相信他有更好的一面”。

深夜，苏三站在窗前，看着外面的稀微灯火，忽然想起在那个由古堡改建的旅馆中，向他宣扬爱的中年女子，她也许会说“你不够仁慈，那是因为你心中没有爱”吧？

如果我们没有在世人身上发现太多的善，那也许是他们不够仁慈，但也许是我们不够仁慈，爱得还不够多。

死刑犯的听觉

听说“无音村”是个极为安静的村庄，但苏三进了村庄不久，就听到了各式各样的声音：铁匠的打铁声、木匠的刨木材声、马车的铃铛声、老人的打鼾声、学童的读书声、菜贩的吆喝声……声声入耳。

奇怪的是，村里的居民却说这里安静得很，他们没听到什么声音。

“难道你们都是聋子吗？”苏三问村里的一个少年。

“如果我们是聋子，又怎么能听到你说话？”少年说，“我们有的是一种特殊的听觉，大家都说那是死刑犯的听觉。”

“死刑犯的听觉？”在苏三的追问下，少年说了一个奇怪的故事。

无音村最早的居民是二十个死里逃生的死刑犯和他们的家人，那已经是很久很久以前的事了。

从前有一个皇帝笃信佛法，经常向一位高僧请教。有一天，高僧说法完毕，忽然请皇帝从监牢里找出二十个死刑犯，发给每个人一满杯的水，要他们顶在头上，绕着庭院走一圈。

高僧对死刑犯们说："如果到时候你们杯子里的水都没有溢出来，我就请皇上赦免你们的死罪。"

为了纾解紧张的气氛，高僧要乐队在一旁演奏。过了很久，死刑犯们一个个绕回了原点，顶在他们头上杯子里的水连一滴都没有溢出来。

高僧问他们："你们刚刚听到音乐声了吗？"

所有的死刑犯都说："没有。"

于是高僧对皇帝说："这些死刑犯因为求生的意志非常强烈，整个心思都贯注在头顶上的那杯水，所以能对身旁的音乐声充耳不闻。陛下您在平时也应该有这种专心向道的意志。"皇帝听了，有所领悟，就赦免了这二十名死刑犯，也坚定了他求道的意志。

二十个死里逃生的死刑犯，来到这个村庄开始崭新的人生。大彻大悟的他们，觉得自己以前因为意志薄弱而犯下杀人越货的重罪，所以一再告诫子孙："坚强的意志可以改变一个人的感官、心灵和人生。你们要有自己的主意——做自己意志的主人，不要被外界的纷扰所迷惑。"

在代代相传之后，村民们大都已能凭意志力将各种纷扰的杂音，排除在他们的听觉之外，“无音村”指的其实是这个意思。

于是，在无音村，苏三了解了什么叫作“做自己的主人”。

魔鬼的诱惑

在落雁市，苏三沉沦了。

街上一位美女白嫩的肌肤，路边一只野狗散漫的眼神，勾起了他堕落的乡愁，他听到久违的魔鬼又在他的耳边低声呼唤。

于是，他走进断翼天使俱乐部，和十二个欲望的门徒共进晚餐，然后跌入罪恶的渊薮。有人不断在他耳边低语："我们是你黑暗中的兄弟。"

苏三则低声呢喃："是的，我要和你们飞翔，飞翔于黑暗的国度……"

酒醒处，晓风残月。苏三发现自己躺在一棵白杨树下。空中传来几声雁唳，一群飞雁掠空而过，他想起此行的目的，不禁轻声啜泣起来。

"年轻人，你为何哭泣？"一个神父走过来，关心地问。

"我受了魔鬼的诱惑，犯下了不可告人的罪行。"苏三说。

他觉得每当他陷于苦闷、无助时，魔鬼总是抢先上帝一步，来抚慰他的空虚。

“魔鬼怎么诱惑你？”神父并没有问苏三做了什么事，他似乎更关心魔鬼。

“他来敲我的门。”

“是谁去开门的？”

苏三一时语塞，不知如何回答，觉得神父好像把大家约定俗成的比喻当成一个具体的事实来看待。

神父忽然念起了一首诗。

魔鬼来敲我的房门，
我的欲望给他回音，
但我跪着祈祷，
始终没有去开门。

神父说那是安德烈·纪德的诗。原来纪德也常受魔鬼的诱惑。

“如果不是你自己去开门，魔鬼不会自己闯进来。”神父说，“对不欢迎他的人，魔鬼不会死缠烂打。魔鬼从不会出现在不欢迎他、不接纳他的场合。”

苏三静静听着，觉得这个神父很奇特。

然后，神父忽然用一种奇怪的声音说：“你还不了解魔鬼。魔鬼觊觎的其实是像我这样的中年神职人员，我很熟悉他。

我知道，魔鬼是一个绅士，我们是君子之交淡如水。”

原来，很多人在破坏魔鬼的名誉，但魔鬼从不辩白。

天光大亮后，苏三离开了落雁市。他的身子虽然疲惫，但心灵是轻盈的，因为他已不再责怪魔鬼。

欲望的豢养

在欲望之城，苏三看到一个好像没有什么欲望的哲学家。

“怎么会？”哲学家笑着说，“如果我让你有这种感觉，那是因为我现在的欲望跟你目前的欲望不一样而已。”

于是哲学家说了一个故事。

有一个人在海边捡到一个密封的瓶子。他打开瓶盖，瓶里冒出一个被囚禁的巨人，巨人为了感谢他，答应满足他的一个欲望，但只能有一个欲望，满足了这个欲望，就表示其他欲望都会落空。那人左思右想，觉得每个欲望都很诱人，难以割舍。巨人答应给他三天的时间思考。

那人不知道要选择什么欲望才是最明智的，最后去请教一个智者。智者告诉他：“那你就选择没有欲望吧！”

苏三觉得这实在是个明智的选择，因为没有欲望就没有痛苦，能从这个尘世获得终极的解脱。

但故事还没完。那人问智者：“为什么要选择没有欲望？”

智者笑着说：“啊，因为没有欲望也是一种欲望，它甚至是比追求性或金钱更困难、更狂野的欲望。”

正为某些欲望所苦的苏三，为之茅塞顿开。

哲学家说，他曾经有过各种不同的欲望：十岁的时候，渴望玩具和糖果；二十岁的时候，被性和爱情所深深吸引；三十岁的时候，追求金钱和物质享受；四十岁的时候，想望着名声和权力；如今，他只希望得到心灵的光明和精神的安宁。但不要忘了，这也是一种欲望。

“欲望会随着人的成长而成长、变化，一个人到了某个年纪，而没有那个年纪应有的欲望，并不是什么值得赞美的事；一个人被属于他那个年纪的欲望所诱引，也不是什么见不得人的事。如果你经常想到性，心里充满了狂野的性欲望，我一点也不觉得奇怪，没有才奇怪。”哲学家说。

苏三耸耸肩，暧昧地笑着。

“重要的是我们要做欲望的主人，而不是成为欲望的奴隶。”哲学家说，“做一个好主人，像豢养牲口般豢养你的欲望，不是动不动就监禁他、鞭笞他，而是要尊重他、珍惜他，不要让他暴饮暴食或走失了就好。”

原来欲望之城不是歌颂欲望的城市，而是教人如何豢养欲望的地方。苏三从哲学家那里学到了对待欲望的健康态度。

制胜之道

外面下着倾盆大雨。

在虹之乡一家旅馆的大厅，苏三显得有点坐立不安。大厅里出现了另一名房客，从省城来的退休教师。略事寒暄后，退休教师问："你会下象棋吗？"

苏三对自己的棋艺一向颇为自负。于是，苏三就和退休教师在清凉的窗边摆了棋盘，楚河汉界地对垒厮杀了起来。

第一盘苏三很快就输了。下第二盘时，苏三慢慢发现退休教师很少吃他的子。有一次，他因失算，一只炮暴露在对方的马蹄下，退休教师却跃马上前，不回头吃他的炮。又有一次，他想用马换对方的炮，但在吃了对方的炮后，退休教师却不来吃他的马。

但苏三还是输了。连下三盘，退休教师都是很快就兵临城下，让他不得不弃子投降。真是强中还有强中手，苏三觉得这位退休教师的棋艺深不可测，而且兵不血刃，不禁由衷佩服说："您真是高明，有很多次您可以吃我的子，但都让过了，结果您还是赢。”

退休教师笑说：“我不是让你，而是不想刻意去攻击你的弱点。因为我觉得那不是制胜的正道。”

苏三觉得奇怪，不管是下棋或其他竞争，制胜之道不是要找出对方的弱点或破绽，然后加以攻击的吗？

退休教师说：“在竞争时，多数人都把重点放在如何使对方变弱上面。为了削弱对方的实力，除了找出对方的弱点或破绽，无情地穷追猛打外，有的人还会不择手段，设下圈套，让对方中计，甚至制造谣言，中伤对手。但我想，这些手段都不太光明正大。”

“那什么才是制胜的正道呢？”

退休教师说：“制胜的正道，不是靠对方的失误，或是想办法让他变弱，而是如何使自己变强，也就是在平日下功夫，积累自己的实力。只要你自己变得更强了，那对方无形中就变弱了。”

窗外大雨滂沱。退休教师的话像雨点般打落在苏三的心田，激起阵阵的涟漪。

世事如棋。不错，与人对垒竞争，想要赢，靠的不是如何让对方变弱，而是如何使自己变强。

天堂之门

蜿蜒的石阶尽头竖立着一座牌楼，上面有镶金的四个大字“天堂之门”。牌楼下有两扇木门，似开未开，旁边有块告示牌，上面写着红色的四个小字“凡人勿入”。

苏三站在牌楼下，往门内窥探，看到的是一片静默湛蓝的大海，这“天堂之门”显然是建在悬崖边上。真是个奇怪的地方，“凡人勿入”又是什么意思呢?

“这个‘天堂之门’有点怪。”苏三对和他同行的退休教师说。

“啊，它是根据本地一个作家所写的一个寓言建造的。那是一个很有趣的寓言。”退休教师向苏三解释，然后提起了那个寓言。

有一个人来到通往天堂的门口，门口有一个守门人。他请求守门人准许他进入，守门人告诉他，暂时不能让他进入。虽然通往天堂的门是开着的，但那个人还是决定在那里继续等待，等待允许进入的批准。

于是他等待着，一天过了一天，一年过了一年，他不停地向守门人询问和恳求，但答复永远都一样，“暂时不能进去”。

最后，无情的岁月终于使他变成一个白发苍苍，即将死亡的老人。

他奇怪地问：“为什么这么多年来，除了我之外，竟没有其他人来这里请求进入这道门？”

守门人说：“除了你之外，没有其他人能进入这扇门，因为这扇门本就是为你一个人而开的，既然你不进去，现在我要把它关上了。”说着，就将门“砰”的一声关上了。

一阵凛冽的山风吹来，吹得“天堂之门”的两扇木门嘎嘎作响。真是一个奇怪的寓言，但苏三还是不明白它的含义。

退休教师看苏三一脸迷惑，接着又说：

“根据我的了解，这个寓言跟生命的抉择有关。很多人在选择自己人生的路途时，因为害怕自己做选择，而一再征询别人的意见，希望得到对方的认可。就像寓言里的那个人，要等守门人答应了，他才敢跨进那扇门。

“每一个人都渴望能去追寻、实现他独一无二的理想和人生，这就是他的天堂，为他一个人而设的天堂。要进入这个天堂，不必客气地、被动地等候他人的允许。只要你自己决定了，大可直接走进去。”

苏三再度看着那似开未开的“天堂之门”，渴望进入为自己而设的天堂之门。

游戏人间

在游戏之城，苏三住进了“两人三脚旅馆”。

第二天，他到市区绕了一圈，看到“捉迷藏企业社”“溜滑梯建设公司”“猜灯谜文具店”等，招牌虽然以游戏为名，但是每个人都在认真地工作。他回到旅馆，问坐在柜台前的老板娘：

“我在街上只看到一些游戏的招牌，却没看到有人在游戏，难道这就是你们的游戏？”

“在我们这里，工作就是游戏。”老板娘笑着说。

苏三耸了一下肩膀。工作和游戏岂能混为一谈？

“你说的那家捉迷藏企业社，在推销各种化妆品和清洁剂，他们四处去寻找躲藏在各地的潜在客户，防范竞争对手窃取他们的商业机密，这不就是一种捉迷藏游戏吗？”老板娘说。

这样说好像也有一点道理。

“那你们这家旅馆为什么叫作‘两人三脚’呢？”

“这是我和我丈夫合取的名字，我们觉得很不错哪！”

老板娘解释说，他们夫妻在结婚后，各自都觉得受到了束缚，不再是个自由而完整的人。彼此常常为了必须迁就对方而苦恼，甚至争吵，婚姻因此而蒙上了一层灰暗的色彩。

在搬来游戏之城后，他们受到了感染，得到了启发，觉得婚姻其实就是一种“两人三脚”游戏。玩“两人三脚”游戏的人，对他们所受的束缚不仅不会感到苦恼，反而乐于接受，因为这样才会“好玩”，让人笑成一团。在有了这种认识后，他们的婚姻就充满了愉快的笑声，也把新开的旅馆命名为“两人三脚”。

“游戏的种类很多，但不管是捉迷藏、两人三脚、猜灯谜，还是打篮球、棒球或高尔夫球，它们都有一个共同点：就是把原本容易的事情变得困难，有了困难，游戏才会让人觉得刺激、好玩，而这也是它们真正吸引人的地方。”老板娘说。

不错。两个人用三只脚走路，确实比各用两只脚走路困难得多；捉迷藏就是因为不知道对方藏在哪里，所以才让人觉得好玩。

当天晚上，苏三躺在床上，心里有了个决定——他要游戏人间。

生活和工作中也有各种困难，大多数人都对它们感到厌烦。其实，只要换个想法，将困难当作是为了变得好玩而安排的挑战，那么它们就会变成像两人三脚或捉迷藏般的游戏。要想玩得开心，就要张开双手，迎接各种困难和挑战，因为那才是人生这场游戏中，真正好玩、迷人的地方啊！

游戏人间，就是人间飞翔。

接受死者的治疗

午后，烈日当空。

山丘上错落着累累的坟冢和款式不一的墓碑，几只蝴蝶在野花间飞舞。走过墓园的苏三忽然感到无比烦闷，他想找个地方休息。黄土路边有一棵大榕树，当他走过去时，发现树下已经坐着一名男子，两眼正痴痴地望着对面累累的坟冢。

苏三在一块石头上坐了下来，向对方点头招呼：

“你好，你是来扫墓的吗？”

“我来这里接受死者的治疗。”男子说。

虽然是大白天，但苏三一听，也不禁全身一颤。

男子说，他开了一家小公司，请了几个职员，生意不好也不坏。他有时候突发奇想，觉得人生“不应该只是这样”，想大展宏图，却力不从心；有时候又觉得“他之所以会这样”，就是因为所用非人，连续换了几个职员，但都不满意，很多事情都要自己做才放心。

他为此心烦了很久，去请教一个法师，法师告诉他“那你就去墓园接受死者的治疗吧”！他本来以为法师是在开玩笑，但现在觉得颇有道理。

“看这些坟墓——它们就是一个人最后的归宿。躺在里面的人，很多在生前不是蝇营狗苟，斤斤计较，这个也要那个也要，就是孜孜矻矻，舍我其谁，觉得什么事都非他不可，不放心将这个或那个交给别人。但他们死了之后呢？带走什么又留下了什么？世界还不是照样运转？说不定比以前还更好。死者的确是教人‘放下’的最好治疗师。”

那名男子说，所以后来每当他心烦时，就会来墓园里坐坐。苏三环顾那累累的坟冢，心里也产生了类似的感受。

那名男子接着说：“不过，死者也提醒我们——幸好我们还活着。人双腿一伸，就什么都不能做了，后悔都来不及。既然还活着，就应该好好珍惜，把握在世的有限时光，不能浑浑噩噩、得过且过。所以，死者也是教人‘奋发’的治疗师。”

“但这不是跟你刚刚所说的互相矛盾吗？”苏三问。

“是的，我们对死亡所怀抱的正是矛盾的双相情感：一方面拒绝死亡，另一方面接受死亡；一方面想要放下，另一方面想要奋发。但这种接受死亡洗礼后的心情，跟原先是很不一样的呀！”

坟冢上的野草，在微风中轻轻摆动着。苏三想，他就先好好休息一下，然后再上路吧。

简洁与幻灭之岛

“这是一个诗人和物理学家之间的纠葛。”

在简洁与幻灭之岛的岬角顶端，苏三静静听着一个当地小学教师说出这个岛屿复杂名字的由来。

以前，岛的那边住着一个知名的诗人，每当他的灵感搁浅、创作触礁时，他就喜欢渡海到这个岛上散散心。他的一首诗，里面有几句。

带着一整船的徒劳，
在黎明之前，
航向幻灭之岛，
弃置。

这首诗描述的就是他的这种心情。他灰心丧气，觉得前功尽弃，幻灭了几天后，在海边徘徊的他仿佛又获得了滋润，恢复了活力，便愉快地回去，开始新一轮的创作。这个岛，虽然被他称为“幻灭之岛”，但其实亦是他的“再生之岛”。

岛的这边则住着一个知名的物理学家，曾经提出两三个物理定律，每个定律都非常简洁而明确。他平日的为人和说话，对问题的描述和见解，也如物理公式般简洁而明确。

物理学家也经常到海边散步，在几次和诗人不期而遇后，两人成了朋友。有一次，物理学家请诗人到他的家中小坐。

诗人看到物理学家工作的书桌上，只有一支笔和一叠白纸。他不禁羡慕地说：“请问您如何从事简洁而明确的思考？”物理学家笑一笑，从书桌下拉出一个很大的废纸篓，里面装了八分满的揉皱的、涂写过的纸张。

“在我获得简洁而明确的结论前，我有很多纷乱、错误、徒劳的思考，它们都被我默默扔进了废纸篓里。”

然后，物理学家意味深长地对诗人说：“我读过你那首诗，我了解你的那种心情，只是我没有办法将它写成简洁而美丽的诗。”

这就是简洁与幻灭之岛的故事。

站在岬角上，苏三想，不管是物理定律或诗，我们看到的都只是干净、简洁而明确的成果，但有谁知道那背后隐藏了多少的纷乱、错误和徒劳？

小学教师看着下面的大海，说：“有人说，成功是百分之九十九的努力，加上百分之一的天分。但努力，也许是九十九次的徒劳，加上一次的成功。不必讳言，人生的多数努力其实都是徒劳的，但没有那九十九次的徒劳，又怎么会有最后一次的成功?

“所以，徒劳其实不是真的徒劳。也许我们应该说：成功一共有一百个步骤，前面的九十九个虽然劳而无功，但都是必要的步骤。”

在迷走地，有一位改邪归正的巫师。说他改邪归正，指的其实是他不再从事他们这个巫师家族世代相传的黑巫术。

此地之所以名为迷走地，原是来自这个巫师家族的黑巫术：很久以前，人们相信做梦是灵魂的出游，在深夜四处游荡的灵魂经常飘至此地，巫师家族在树林间架设了很多捕魂网，捕捉过往的灵魂。做梦者因而一梦不醒，家人必须准备一笔可观的赎金，以此向巫师赎回被捉的灵魂。

改邪归正的巫师已不再捕捉迷失的灵魂，如今，他转而教导人们如何做梦。

苏三来到迷走地后，对这个传说和这位巫师大为着迷。他请求巫师教导他做梦之道。

“今夜，就让我带你前往梦之神殿吧！”巫师说。

于是，当夜，苏三躺在床上，照巫师的指示默想，默想……

恍惚之间，他觉得自己正走在一条黑暗的道路上。四野无人，他一直走着，然后，看到远方有光影闪烁。

他朝光影前进，眼前出现了一座高大的古老神殿，一个穿着长袍，看起来有点像巫师的老者，手上拿着一根蜡烛，站在神殿入口处等着他。

仿佛出于某种默契，他默默跟随老者走进神殿，穿过一条很长很长的长廊，四周静悄悄的，只有他们的跫音回响于长廊的彼端。终于，老者带他进入一个圆形的房间，从抽屉里拿出一条白色的布条，要他在上面写下五个神祇的名字。

然后，老者慎重地将布条折叠，做成油灯的灯芯，塞进桌上的油灯中，点燃。室内立刻变得明亮而温暖。

老者说："你要对着灯光默诵祈祷文，在入睡前再将灯吹熄，这样，神明就会进入你的梦中，为你解答疑难。"说完，他就像一阵风般消失了。

苏三坐在床沿，口中念念有词，眼皮越来越沉重，于是将灯吹熄。

然后，他觉得有点恍惚，也不知道是继续在默想，还是真的睡着了，厚重而温暖的黑暗无声无息地压在他身上，一层又一层。

在不知是真梦还是幻想中，那些神祇穿越遥远的时空，来到他面前，他毫无隐瞒地说出他的想望、隐忧、怀疑与困顿。神祇微笑着聆听，然后给他神谕式的回答。

在梦中，苏三很清楚地了解了这些神谕的含意。但第二天早上醒来，它们又都变得模糊不清，很快烟消云散。

巫师说：“我们每个人在梦中都是一个杰出的魔法师或艺术家，对这个梦，你应该赞赏自己居然有这么丰富的想象力。至于那个神谕代表什么，它很清楚，就是要你不必当真。”

不与是

无花寺里种有很多牡丹花。

有人说，因为无花，所以才种了花；有人说牡丹是花之王者，不属于寻常之花；有人说对修行的和尚来说，眼中虽有花，心中实无花。

当苏三来到无花寺时，牡丹正盛开，幽香如缕。但让他更感兴趣的是坐在觉悟之树下的那位老和尚，他容貌清古，慈眉善目，正怡然地吃着饼，身边小凳上还摆了一盘饼。

一个十五六岁的少年和尚从觉悟之树下经过。

“你想不想吃饼？”老和尚问。

“不！师父，我不要吃。”少年和尚答。

“很好！很好！”老和尚继续吃他的饼。

不久，一个二十七八岁的青年和尚又从觉悟之树下经过。

“你想不想吃饼？”老和尚又问。

“是的！师父，我想吃。”青年和尚答。

“很好！很好！”老和尚拿了块饼给他。

苏三感到好奇，自己走到觉悟之树下，问道：“为什么两个徒弟说‘不’和说‘是’，师父您都说‘很好’呢？”

“小徒弟正值青少年阶段，反抗心强，他以说‘不’来表示他自有主张，不想跟我一样或者受我摆布，这是他追求自由与独立自主的表现，所以我说‘很好’。”老和尚说。

“那第二个徒弟呢？”苏三又问。

“那个大徒弟以前也老是说‘不’，经常跟我唱反调，但现在他有了些道行，知道一再说‘不’，甚至为说‘不’而强说‘不’，只是一种盲目的、幼稚的自由，而开始有选择性地对我说‘是’。这表示他能以更成熟、更自在的方式来表达自我，有了更高层次、更和谐的自由，所以我也说‘很好’。”

老和尚说着，又拿起一块饼，问苏三：“你想不想吃饼？”

“啊？这……不！”苏三有点恍惚地说，“我是说我不饿。”

老和尚露出一个神秘的笑容，对苏三说：

“如果你想自在飞翔，你就要学着说‘是’。”

祈祷与忏悔

在四处弥漫着淡淡硫黄味的温泉乡，苏三和一位来此治疗关节炎的历史学家住在同一家旅馆。

午饭后，两人到街上散心。在安静的街角，他们看到一间宏伟、庄严，容易让人产生谦卑、清净感觉的教堂，于是入内参观。

教堂正厅的前方，高悬着一尊耶稣被钉在十字架上的受难像，其下，有一个人跪着，双手贴胸，虔诚地在那里祈祷，或者忏悔。

悄悄退出教堂后，苏三说："也许，每个人都应该有个能对之祈祷和忏悔的神祇，能倾诉衷曲的对象。"

历史学家慈蔼地笑一笑，说了一个故事。

据说，在一个基督教国家的某个村庄里，有个小女孩说她独处时，上帝经常来找她，陪她玩。大家非常惊讶，认为这是神迹。

教会觉得兹事体大，特意派一个牧师来了解。牧师为了查验事情的真伪，对小女孩说："上帝下次再来找你时，请你记得问它，我上次向它忏悔时说了什么。"

不久，小女孩说上帝又来找过她了。

牧师兴奋地问："那你问它我忏悔的内容了吗？"

小女孩说："我问了，但上帝说它忘了！"

苏三觉得这听起来好像一个笑话，历史学家却说它有更深的含意：

"很多人都向上帝或其他神祇祈祷、忏悔，但神真的听到了吗？我想这并不重要，因为祈祷和忏悔不能改变神，它真正改变的是祈祷者和忏悔者自己。

"禅师常对人说'每个人都有佛性'，而牧师和神父也时常说'上帝就在你心中'。为什么这样说呢？

"因为人们是根据自己心中的美好形象去创造上帝或神佛的，当一个人向神明祈祷或忏悔时，其实也是在对自己心中存有的更高、更好的一面祈祷和忏悔。

"每一个人都可以向自己心中的良知忏悔，向自己心中的良能祈祷。"

当晚，苏三泡在热滚滚的温泉里，想着历史学家的这番话，在温泉热气所形成的白雾中，他忽然领悟：

"向自己心中的良知忏悔，可以让我们变得轻盈；向自己心中的良能祈祷，可以让我们飞翔。"

蛇之扑克牌

贫瘠的荒野中，有一座热闹的观光蛇园。

蛇园里展示着来自世界各地的蛇类，有森蚺、巨蟒、王蛇、青竹丝、雨伞节、百步蛇、海蛇等，当然，还有当地盛产的响尾蛇。让游客最感到刺激的也许是将蟒蛇挂在脖子上拍照留念，还有驯蛇师和响尾蛇间的人蛇大战了。

苏三看着众蛇爬行和惊险的表演，心里不禁产生了古老的惊肃与魅惑之情。

除了活生生的蛇外，蛇园里还有提供蛇羹、蛇肉、蛇药酒的餐厅，以及贩卖蛇皮包、皮带、皮鞋的工艺品店，生意相当好，可以说经营有道。

苏三在工艺品店买了一副相当别致的扑克牌，五十四张扑克牌上印了五十四种不同的蛇。对怕蛇的人来说，手上拿着这副牌，大概会“触目惊心”吧?

为什么要以蛇来作为扑克牌的图案呢？扑克牌所附的说明书上这样写。

这个蛇园原是一个荒废的农场。十年前，蛇园园主的父亲过世，留下不少遗产给几个儿子，园主和兄弟经过抽签后，分到了这个农场。农场虽大，但是个令人失望的地方，不仅地处偏远，而且干燥贫瘠，到处是乱石和荆棘，根本不能耕种。

更糟糕的是，那里还有很多响尾蛇，连居住都充满了危险。

他在自怨自艾之余，本想任其荒芜，但后来忽然灵光一闪，决定地尽其利，物尽其用，便开始研究起农场里的特产——响尾蛇来。

于是他请人来抓响尾蛇，先是制作蛇毒血清、蛇皮包、皮带等，后来更引进世界各地的蛇类，开设了这座观光蛇园，结果竟因而大发利市，比其他分到好田产的兄弟都要过得好。

园主觉得这样的经历就好像他喜欢玩的扑克牌游戏。

在扑克牌游戏中，总是有人会拿到一手好牌，而有的人却拿到一手烂牌。在人生这场牌戏中，他分到了荒废的农场，等于是拿到了一手烂牌。但就像人家说的："你会拿到什么牌是你的命运，但要怎么玩却是你的自由。"在短暂的怪罪命运作弄后，他决定打好这一副烂牌。

最后，他证明了一件事：人生如牌戏，但重要的不是拿到一副好牌，而是如何去打好手中的烂牌。

因为有感于此，所以蛇园主人就特意设计了这样一副特殊的"蛇扑克牌"。

看完说明，苏三忽然觉得扑克牌上的众蛇变得可亲可爱起来。于是，他慎重地将扑克牌收到行囊里，回家后，他要和朋友好好打这一副牌。

生命的雕刻师

自从三百年前，有人在山上发现了奇木，将它扛回家，雕出一尊神像后，就陆续有人效仿。如今，这个山中小镇已有半数的居民都以雕刻为业。

苏三走在小镇的街上，眼里看到的是各种人物、飞禽、走兽的雕刻成品，鼻子里闻到的是檀木、桧木的香味，耳里听到的是剉刀、电钻的工作声，当真是一座名副其实的雕刻之城。

也许是因为长期沉浸于雕刻，把大部分的生命都奉献于雕刻的关系吧，小镇上，人人都有一套雕刻哲学，而且异口同声说“人生其实就是一种雕刻”“每个人都是自己生命的雕刻师”。

在一间工坊的屋檐下，一个雕刻人像的中年雕刻师，放下剉刀休息时，边抽烟边告诉苏三：

“雕刻人像脸部的秘诀是要预留修饰的余地，譬如眼睛，可以先雕小一点，这样才能改大一点；鼻子则要先雕大一点，然后才能改小一点。人生也一样啊，总是要预留修饰、回旋的余地。”

来到庙埕前的樟树下，一个已经退休的老雕刻师则告诉苏三：

“雕刻，最重要的是要顺着木头本身的形状和纹理。一个有经验的雕刻师，拿到一块木头，就可以看出里面隐藏的是一尊观音、一只大鹏，或是一只猛虎，雕刻只是将挡住这些形象的多余部分去除掉而已。人生也是一样啊，每个人也都有不同的资质，我们要顺着隐藏的天赋去琢磨。”

是的，生命需要雕琢。雕琢总给人一种人工的感觉，但从这些雕刻师的话里，苏三认识了什么才是真正的“雕琢之美”。所谓“雕琢之美”，它的完成，并不是在于增添，而是要去掉遮蔽它的其他成分。

在离开山中小镇时，苏三心里有了新的领悟。

也许他无法像那些雕刻师，用木头创造出具有艺术之美的作品，却可以用自己的生命为素材，创造出轻盈之美与人性之美。每个人的生命中都隐藏了这两种美，只要他去除烦恼、贪欲、僵化的观念，他就能显现轻盈之美；只要他去除骄傲、自大、虚妄，他就能显现人性之美。

绝望的沼泽

在欺疑谷东方十里之处，有一处阴森的沼泽，那是传说中由沮丧巨人所看守的绝望沼泽。

带苏三来参观的牧羊人说："如果有人不小心陷入泥沼中，十个里面有九个必死无疑。据说，当事者会看到一个巨大的黑影，然后一阵绝望袭来，放弃挣扎，就此被泥沼吞没。"

"既然是这样，那为什么还有人靠近沼泽呢？"苏三问。

"因为沼泽里有不少大型的野鸟，总是有人为了猎杀野鸟，而掉进这个死亡陷阱啊！"牧羊人说。

然后，他们看到一个背着猎枪的粗犷男子，越过沼泽左前方的一片芦苇，朝他们这边走来。

"一个野鸟猎人？"苏三问。

"不！他是沼泽巡察员。为了防止盗猎和救援掉入沼泽里的人，政府特意雇用了沼泽巡察员。"

当沼泽巡察员来到他们跟前时，苏三注意到他左脸颊的络腮胡里有一条刀疤。

“最近怎么样呢？听说沮丧巨人对你抢了他的生意很不满，想给你好看哪！你可不要被他拖进沼泽里。”牧羊人打趣地说。

“管他的，昨天我又救起一个人。”沼泽巡察员笑着说。

“怎么个救法？您是用绳子吗？”苏三不禁感到好奇。

“我用这个。”沼泽巡察员拍拍他背上的猎枪，有点得意地说。

他说昨天傍晚，有个来猎鸟的家伙掉到了沼泽里，整个下半身都陷在污泥里，惊慌地张开双手，以恐惧的眼神、颤抖的声音向他祈求：“救救我！救救我！”

但他举起枪，瞄准对方，冷冷地说：“我是很想救你，但如果我下去救你，我自己也会陷入泥沼中！我想你一定不愿意让自己如此这般痛苦地死去，而我也不忍心观看。所以，我不如狠下心来，现在就一枪把你解决掉吧！”

那人听得全身一颤，也许是不愿意就这样被射杀吧，他立刻鼓足余力，自己在泥沼中奋力挣扎，最后终于爬到陆地上来。

“我靠这一招已经救起了不少人。”沼泽巡察员看着阴沉而静默、显得有点诡异的天空，喃喃说：

“一个人只有靠自己的力量才能打败自己心中的沮丧巨人，这是脱离绝望沼泽的唯一方法。”

沙滩上的城堡

黄金海岸的象牙湾，太阳渐落，潮水渐涨。

苏三和附近渔村的一个老渔夫在寂静的海边漫步，海滩上的沙白如象牙，灿若黄金。平整而美丽的沙滩上出现了一个个凸起的沙堆，走近一瞧，才知道那是一座座城堡的残迹。不管是完整的、残破的，在去而复来的海浪的不断冲刷下，它们正慢慢地塌陷、崩解。

“几个小时前，有人在这里快乐地堆筑美丽的城堡。”苏三有点感慨地说。

“是的，在我的记忆里，这里曾出现过成千上万个梦幻般的城堡。”

老渔夫看着城堡残迹，描述了一再在这里上演的情景。

每年夏天，总是有随父母到海边来的孩子，在这沙滩上用美丽的白沙堆筑城堡。每一个孩子都快乐而认真地建构他们的梦幻城堡，有的孩子比其他人更早完成他的城堡，站起来兴奋地说：“看！我比你们先建好城堡！”有的孩子堆的城堡比别人的宏伟，也站起来，骄傲地说："看，我的城堡比你们的漂亮！"

有些孩子因为不小心，或出于嫉妒，会踩到别人的城堡，城堡的拥有者立刻愤怒地揪住对方，举起拳头就打，并且大声咆哮："你这是什么意思？"其他孩子也都剑拔弩张地护卫自己的城堡，警告走近的人说："走开！别想碰我的城堡！"

黄昏终于来临，孩子的父母催促他们回家。这时，谁也不在乎那些城堡了，有的孩子掉头而去，有的用脚踢翻自己的城堡，有的用手扒倒自己的城堡。

海水逐渐涨潮，一波又一波的海浪逼近人去楼空的城堡，所有的城堡，完整的、残破的，在海浪的不断冲刷下，都慢慢地崩塌，最后完全消失。

老渔夫望着海面上摇摇欲坠的夕阳，对苏三说：

"每一个人都有他的城堡，辛苦构筑的城堡。谁不想护卫自己的城堡呢？但城堡终将崩解、消失，我们实在不必太过执着，非得将它据为己有、霸占着不放不可。

"宽容才是黄昏的教诲，就像一个人只有到年老时，才会醒悟以前对别人都太苛刻了。"

曾经炽烈得让人难受的太阳，如今也已温柔得让人想将它搂入怀中。于是苏三了解，对别人宽容些，就可以让自己轻盈些。

狐狸与音乐家

一个近乎圆形的湖泊，深蓝如海，而又平静无波，仿佛是大地的眼睛，默默注视着站在高处的苏三。

听说，被此深蓝湖泊静默注视的人，都会因而产生一种谦卑的感觉。所以，此湖被叫作“谦卑湖”。站在高处的苏三，此时心里也满怀谦卑。不过他想到的是一只狐狸和一个音乐家。

附近的山区经常有狐狸出没。本地流传着一只狐狸的故事。

有一只狐狸，某天早上看到自己在晨曦中巨大的影子，雄心万丈地说：“今天中午，我要抓一只麋鹿当午餐。”

于是它开始上路，整个早上奔波着，寻找麋鹿。

到了中午，它一无所获。此时，太阳正高挂在它头顶，它看到自己在地面上的影子变得很小，于是说：“现在，我只要一只老鼠就够了。”

湖畔住着一个音乐家。

音乐家在十八岁时，心高气傲，自认为是世界上最伟大的作曲家，开口闭口谈的总是“我”和“我的乐曲”。

当他二十五岁时，他觉得无法漠视莫扎特的存在，但肯定地认为自己不逊于莫扎特，于是开始谈“我和莫扎特”。

到了四十岁时，在他创作了更多的乐曲，也对莫扎特有了更多的了解后，觉得自己不如莫扎特，转而谈“莫扎特和我”。

到了五十岁，当他创作出最成熟的乐曲，而且已经成为一个知名的作曲家时，他反而觉得自己根本不算什么，而只谈“莫扎特”。

不久前，湖畔的一个老妇人告诉苏三狐狸和音乐家的故事，悄悄说，那才是这个深蓝湖泊被叫作“谦卑湖”的真正原因。

一只水鸟划过湖面，激起一阵涟漪，仿佛在说：“谦卑不是虚伪，而是一种伟大的智慧。只有飞到高处的人才能自觉渺小，也只有活得够久的人才知道，时间是谦卑的导师。”

于是，满怀谦卑的苏三，在深蓝湖泊的静默注视下，有了一种轻盈的感觉。

痴迷

在落魄地，有一条痴人巷，巷内住了两个痴人：一个书法家和一个哲学家。两个人在各自的专业领域里都很杰出，但因为经常做出让人啼笑皆非的事来，所以被称为“痴人”。

苏三先去拜访哲学家，哲学家说：“我想大家说的痴人，指的应该是那个写毛笔字的，不说你根本不知道他痴到什么地步。”

他说那个书法家天天都在练毛笔字，练得很勤，一坐下来就难得起身，连吃饭都叫不动。有一天，他在书房练字，妻子三番五次催他吃中饭，他都置之不理。妻子只好将馒头和蒜泥端到书房，给他当午饭。

他的书房刚好靠在巷子边，有人从他书房的窗外经过，发现他一边吃馒头还一边练字，但原本应该蘸蒜泥的馒头却蘸错了地方，蘸到了墨汁，只见他嘴巴四周乌七麻黑的都是墨汁，他却浑然无觉，还一副吃得津津有味的模样。

的确是痴人一个。

随后，苏三转而去拜访书法家。书法家说：“我怎么算痴呢？和那个搞哲学的相比，他才是真的痴哪！”

他说那个哲学家天天都在思考哲学问题，常常想得失了魂似的，不知道自己吃了饭没有。有一天，他一边散步，一边思考一本《逻辑学》里的论证问题，一只脚不小心踩到了烂泥巴，当他再抬起腿时，鞋子陷在泥巴里，成了光脚。

但他浑然无觉，仍然一边走一边思考，直到附近的小孩围着他乱叫“疯子！疯子！”时，他才如大梦初醒，晓得是怎么一回事。

同样是一个痴人。

走出巷口，苏三觉得这两个人是半斤八两，不分轩轾。他们其实是精神上的兄弟，具有同样的精神血缘，共同的生命特质。他们不应该被称为“痴人”，他们是做自己喜欢的事，或喜欢自己所做的事，因而是“痴迷的人”。

痴迷，是比专心更迷人，也更令人向往的一种境界。专心，是一种自我要求，念兹在兹；痴迷，是一种自我放弃，浑然忘我。只有在无法痴迷时，我们才需要专心。

当一个人痴迷于自己所做的工作，远离世俗的顾虑时，那其实就是一种飞翔。苏三为此而深深羡慕着。

蜗牛

雨后，月光下。一只蜗牛吸附在一棵杧果树的树干底部，收缩它的腹足，非常缓慢地往上攀爬。

那是花果村外，一间农舍后面的果园。今夜，苏三在一个果农的家中居住。沁凉的空气、鸡狗的气味、草虫的恋歌，唤起了他对童年时代常去的外婆家的记忆。

“它到底能爬多高啊？”看着蜗牛，苏三像个小孩般问。也许，在童年时代，他也曾经这样看着，这样问。

“只要你耐心看，你就会知道。”站在一旁的果农笑着说，“但怕的是你没有蜗牛的那份耐心。”

果农似乎也回到了他的童年时代，看着缓慢攀爬的蜗牛，喃喃说起了小时候他祖母跟他说过的一只蜗牛的故事。

在一个天气严寒而又多风的日子，一只蜗牛攀附在一棵高大的樱桃树的树根，缓慢而辛勤地往上爬。

一只从空中飞下来的麻雀看到了，讥笑它说：“看你这么辛苦地往上爬，难道你不知道树上连一颗樱桃都没有吗？”

蜗牛说：“但是当我爬到顶端时，那儿就会长出樱桃了。”

“这个故事，祖母跟我说过好多遍，直到三十岁，我才知道它是什么意思。”

苏三也知道它的意思。每一种动物都可以飞翔，蜗牛的飞翔就是向上爬。虽然极为缓慢，但只要有耐心，连蜗牛都可以爬到高高的树巅，吃到可口的樱桃，俯瞰下面的芸芸众生。

第二天清晨，五点不到，苏三就被公鸡的啼声叫醒。他披着外套，来到那棵杧果树下，昨夜的蜗牛已不知去向。难道真的爬到树巅了吗？

他正往树上窥探时，果农带着镰刀从前方的番石榴园里钻出来。他起得更早，而且似乎已经工作了一段时间。

“您起得真早啊！”苏三跟他打招呼。

“没有啊！我的祖母说，一棵树要在秋天结果，就要在春天开花；一只动作慢的鸟想找虫吃，就要早一点起床。”果农露齿而笑。

那是比晨曦更早、更灿烂的笑容。太阳还没起来，苏三就有了飞翔的感觉。

一次爱你一小时

“三只猫和一个女人咖啡屋”里真的有一个女人，而且她真的养了三只猫。

苏三坐在窗边的位置喝着咖啡，静静地看着两三桌外的两个女人。面对着他的女人，三十来岁，手上抱着一只白猫，膝上蹲着一只黑猫，脚旁还有一只花猫。她显然就是这家咖啡屋的老板。

养猫的女老板正向坐在她对面的年轻女子谈起爱情，她的爱情。

她生命中的第一个男人，说要爱她一辈子，但他们结婚不到五年后就离了婚。

“他说他是瞎了眼才会爱上我，也许他瞎的是左眼，我瞎的是右眼吧！爱我一辈子？以前多么喜欢听到这样坚贞的诺言啊，现在却觉得那只是经不起考验的呓语罢了。”

女老板摸摸她怀里的白猫，然后谈起她的第二个男人。

“他说让我一次爱个够，那真是疯狂，让人如痴如醉。但有点像坐云霄飞车，或者出荨麻疹，火速结婚不到一年，疹子出完，云霄飞车飞到终点不动了，两个人也就下车拜拜了。”

让我一次爱个够？那不是一首声嘶力竭的歌吗？苏三想起了那个歌手，既然那样声嘶力竭，当然也就注定早夭，没有下一次了。

女老板转而拍拍她膝上的黑猫，接着谈起了她的第三个男人。

“一年前我遇到一个男人，他说‘让我一次爱你一小时’。多么奇怪的台词啊？听起来好像有点不够，但一年来，在数不清的、个别的一小时里，他是那样心无旁骛地爱着我，使我一再期待下一次，而且觉得下一次会更美妙。”

女老板幽幽地说：“其实，只要在那一个小时里能专心爱我，其他时间他大可以去做别的事。这是我现在所期盼和相信的爱情。”

坐在她对面的年轻女子，喝了一口咖啡，问道：

“那他是不打算和你结婚了？”

“哪里！他昨天才向我求婚哪！求婚的台词依然是：‘我们结婚吧！让我一次爱你一小时。’”

然后，两个女人轻轻低笑着。

苏三将眼光转向窗外。马路边一格又一格的停车位里，停着各种款式、不同颜色的车子。让我一次爱你一小时？他不知道这样的爱情是什么滋味，但在这沉闷的午后，他忽然灵光一现：

“让我也一次活一小时吧！”

不必追悔过去，不必担忧未来，在每一个小时里专心地活，一天活十几次，期待下个小时会更好。那或许也会很美妙。

灯泡与钢琴

隐喻之城里，住着一个隐喻大师。每隔一段时间，他就会提出一个像故事般的谜语，或者一个像谜语般的故事，或者一个既非谜语亦非故事的片段。

据说，不管他说了什么，只要你仔细推敲，你都会发现，那其实是关于生命的一个很好的隐喻。

在苏三尚未来到隐喻之城前，隐喻大师说了如下一则隐喻：

“一个乡下人住进了城市最豪华的旅馆，旅馆房间里装了刚问世不久的电灯，夜晚亦如同白昼般大放光明，乡下人啧啧称奇。临睡前，他想弄熄电灯，就张口对着灯泡猛吹。”

当苏三抵达隐喻之城时，很多市民都在讨论这个隐喻到底是什么意思。

有人说，乡下人张口对着电灯泡猛吹，是重演他在乡下吹熄煤油灯的动作，但电灯跟煤油灯的原理完全不同。这是个很好的隐喻，它想告诉我们，在面对一个新问题时，我们常不自觉地用旧有的办法去解决它，但那是行不通的。

还有人说，乡下人想关掉电灯，但不知道开关不在灯泡上，而是在墙壁上。这个隐喻真正的意思是：一个问题的症结或者关键，往往不是在问题内部，而是在别的地方。

苏三觉得这两种解释都很迷人。人生在世，不管你追寻什么，最怕的就是用错了方法，找错了地方。

当苏三要告别隐喻之城时，隐喻大师又说了另一个隐喻：

“有一个小孩在听了一场钢琴演奏后，觉得美妙无比。他想知道刚刚那么美妙的音乐是从哪里来的，于是跑到舞台上，先在乐谱里搜寻，然后打开钢琴盖，按了几下琴键，又趴到钢琴下面探头探脑。”

苏三来不及听到市民们对这个隐喻的解释就离开了。在路上，他边走边思索，然后忽然福至心灵，茅塞顿开。

小孩想从乐谱或钢琴的结构去追寻、了解音乐的美妙，他同样是找错了地方。但没有钢琴、没有乐谱，也就无法产生美妙的音乐，小孩的错误是他不知道那种美妙是来自演奏者、钢琴、乐谱和听众间的“互动”。

互动，才是人生各种美妙的来源。一个人不管他拥有多么美好的肉体和心灵，只有在和他人、外在事物的互动间，在行动之中，才能产生美妙的生命意义。

苏三为自己的小小发现而雀跃，他渴望能赶快与人分享。

夜间飞行

巫师岛上，有一位由巫师转业的神秘哲学家。

神秘哲学家经常在深夜仰望大空。他说：“在仲秋时节，每天晚上最少有三万只候鸟飞越巫师岛，那真是非常壮观的夜间飞行。”

岛上的居民不知道他的话是真是假，因为没有人有兴趣像他那样彻夜不眠，仰望天空。

来到巫师岛的苏三，对这样的说法倒是很感兴趣。有一晚，他和神秘哲学家躺在一块巨大的岩石上，想目睹候鸟壮观的夜间飞行。

苏三望着满天星斗的夜空，等了很久，都没有动静。不知不觉间，他竟仿佛睡着了。在似梦似醒中，觉得自己的身体正慢慢往上飘，不停地往上飘，飘入无尽的宇宙中。

在黑暗但看来清晰的太空中，他将四肢伸展开来，无尽地扩大、延伸。远的星球变近了，近的星球又变远了，终于，他在太空中变成一个具有“人”形的星座。

运载着他透明形体的星座，在浩瀚的宇宙中东飘西荡，无数的星云和银河如过眼烟云。他看到很多神话中的星座，有像人的，有像动物的，它们仿佛也都是有生命的东西，像他一样在太空中漂浮流转。然后，他看到一匹白马（星座），正奔驰于银河的边缘。

于是，他一跃而起，跨上那匹白马，御天风而行，驰骋于太空之中。慢慢地，来到了宇宙的尽头。他掉转马头，朝反方向奔驰，越过无数的星云和银河，慢慢地，又来到宇宙彼端的尽头。

难道宇宙只是一个密闭的空间？正当他犹疑时，忽然听到神秘哲学家在他的耳边说："其实，你只是在一颗钻石的碳结构体里遨游……"

说时迟那时快，他的形体开始快速地萎缩，越来越快，其他星球、整个宇宙也跟着萎缩。大宇宙变成了小宇宙，萎缩的白马已离他而去，他变成了钻石碳结构体里的一粒电子，原先的星球也都变成了电子、质子和中子。

无限大变成了无限小，但小宇宙的浩瀚不逊于大宇宙。他在虚空中漂浮流转，分不清在他身旁流转的到底是电子还是行星，也分不清自己是无限大的行星，还是无限小的电子，大与小慢慢失去了它们原先的意义……

然后，他感到一阵凉意，清醒了过来。

“刚刚有一大群候鸟飞过去哪！”

苏三有点懊悔，不过觉得刚刚做的那个梦很美妙，他将梦境告诉神秘哲学家。

神秘哲学家感叹道：“你自己做了一次很壮观的夜间飞行哪！”

照相的哲理

苏三静静地看着对面的奇峰、怪石，深蓝色的天空没有一点云彩，没有一丝风，也没有一点声响。时间在这里似乎消失了，他有一种奇妙的孤绝感，觉得自己仿佛到了地球的顶端，跪伏在永恒的脚边。六个小时攀爬的辛劳，都为之烟消云散。

"我们照个相留念吧！"和他一起攻顶的建筑师说。

建筑师先给苏三拍照，苏三站在山路边，以对面的奇峰怪石为背景。山路狭隘，建筑师没有退后的余地。

"照近一点没关系。"苏三摆了个姿势，露出笑容说。

换苏三给建筑师拍照时，建筑师却爬上山路边的乱石，站到一棵松树下。

"用你身后的那棵松树做背景。"苏三在对焦时说。

"将旁边的那两座山，还有天空，都照进去。"建筑师说。

"这样你会变得很小呀！"苏三提醒他。

但建筑师连声说"没关系"，苏三只好恭敬不如从命。

然后两人又各选了景，又照了几张。

下了山，照片洗出来后，两个人在旅馆里看照片。果然不出所料，建筑师在照片里的身影都变得很小，根本认不出是他。但建筑师很满意，他说：

“我以前照相跟你一样，喜欢自己站中间，风景放两边。自己照得是越大越好，自然风景不过是背景或陪衬。”

苏三奇怪，绝大多数人照相都是这样啊，这有什么不对？

“在人类与自然的关系中，人总是想居于主宰的地位。连照相时，都不自觉地流露出这种心思。”建筑师说，“后来，我的人生观变了，所以照相时，自己在画面里所占的比例就越来越小，而让自然风景成为主题，我只是自然中一个小小的点缀。”

苏三看着替建筑师所拍的照片，蓝天和高耸的山峦、苍劲挺拔的松树，占了大部分的画面，松树下站着一个小小的人，虽然面目模糊，但整个画面意境幽远。他忽然醒悟，说：“这好像传统的中国画！”

“对！这正是我想要的境界，它反映人与自然真正的、和谐的关系。”建筑师笑着说。

苏三想，不只拍照，也许置身于自然之中，都应该有这种谦卑的心吧！

老太婆的针线

苏三发现，每天的太阳下山越来越早，行经的草地越来越枯黄，穿越的树林不断有落叶飘下，迎面而来的风越来越冷冽。时序在不知不觉间已进入了深秋，一种凄凉、肃杀、颓废、腐败的气息，正悄悄扩散，终于弥漫他整个心田。

黄昏时刻，来到流光镇的苏三，颓然地坐在路边的一块石头上。双眉深锁，目光暗淡，他又陷入了周期性的情绪低潮中，想起自己以前做过的种种蠢事，茫茫的前途……

“理想抱负无凭据，费尽心绪，总把流光误。”他不禁将脸深深埋进自己白瘦的双手中。

就在这个时候，他的耳边忽然传来一个声音：“年轻人，你可以帮我穿个针线吗？”

苏三抬起头，看到一个白发苍苍、满脸皱纹的老太婆，左手拿着一根针，右手拿着一根线，腋下还夹着一件衣服，弯着腰扭到他面前，对他这样说。

他此时正自顾不暇，老太婆的要求实在令他有点烦。但他看老太婆比自己的祖母还老，两眼昏花还要自己辛苦地缝衣服，不觉心生怜悯，于是接过针线，将线穿过针孔，再交回给老太婆。

老太婆连声道谢，临走前，忽然说：“你现在心情好一点了吧？”

苏三有点莫名其妙，含糊地应声：“唔，嗯……”他有点奇怪，也有点吃惊，因为他觉得自己的心情的确比刚才好了许多。老太婆为什么知道呢?

“我就住在前面那里，”老太婆指一指前面的房子，说，“我看你坐在这里很久了，知道你一定是遇到了什么挫折，心情不好。我活这么久了，知道要让你扫除阴霾，重新快乐起来的最实在的方法，就是去帮助一个比你更不幸的人，所以才拜托你帮我穿针线。其实我老虽老，视力可还好得很。”

苏三终于露出一个可爱的笑容，感激地看着老太婆。

“你还很年轻，有什么大不了的事情让你愁眉苦脸呢?心情放轻松一点，事情没有你想的那么糟。”老太婆笑着说，虽然只剩下两三颗牙齿，但是笑得很开心。

“谢谢您的提醒啊，老婆婆。”苏三说。

看着老太婆弯着腰一扭一扭走远的背影，苏三想他这一生也许就跟这个老太婆见这一次面，萍水相逢，但温馨永存，原先的那种惆怅竟已一扫而空。

西方的天际出现绚丽的彩霞，苏三的心情也跟着变得美丽起来。他会永远记得老太婆的话：“让人扫除阴霾，重新快乐起来的最实在的方法,就是去帮助一个比你更不幸的人。”

悲伤树

在无何有之乡，有一棵巨大的古榕树。

古榕树的枝丫辽阔，那下垂的气根接触到地面后，获得了滋养，很快又长成如手臂般粗的枝干，如此一再蔓生，最后竟成为一片古榕林。

站在石板步道上，苏三往古榕林里窥探。顶端的枝叶无尽延伸，遮蔽了大部分的阳光，以致树林里在大白天也显得相当阴暗。特别是四处蔓生的枝丫和气根上，挂满了无数的白布条，静默低垂，给人一种诡秘、阴森的感觉。

苏三走进古榕林里，翻看那些白布条，发现上面都写了字，“被女友抛弃”“在地震里家破人亡”“罹患不治之症”“被诬陷而坐牢十年”……尽是一些让人感到悲伤的事。

和苏三同来的一位游客，见多识广，他环顾古榕林，若有所悟地说：“也许，这就是传说中的悲伤树。”

据说，每隔一段时间，当审判日来临时，每个人都会被请到一棵悲伤树下，将他一生所受的不幸和不公平、灾难和痛苦、各种让他感到悲伤的事，写于白布条，挂在枝丫上。

然后，每个人也被邀请环绕悲伤树数圈，做个巡礼，看看别人挂在树上的、让他们感到痛苦难过的各种伤心事。

当天，神祇特意恩准，在各种的不幸和悲伤中，每个人都可以重新选择自己觉得比较能够忍受的几种。

“结果呢？”苏三忍不住问。

“据说，每个人最后所选的还是自己有过的不幸和悲伤经历。”游客说。

“为什么呢？”

“因为大家发现，每个人原来都有他们各自的悲伤，既然悲伤不可避免，那么自己经历过的悲伤，总是较容易忍受。”同行的游客说。

苏三看着眼前这些数不清的白布条，有的悬在极高处，字迹已褪色模糊；有的挂在极远处，看起来只像个白点。但每一个布条都代表了一种悲伤，人间有过的真实悲伤。

“想不想挂上你的悲伤呢？”同行的游客笑问。

苏三微笑着摇头。

谁没有悲伤呢？也许，接受自己的悲伤，就不会再那么悲伤。

幸福的机会

苏三随着北方的燕子，来到了南方的机会之城。

机会之城原名幸福之城，它之所以改名，是源于下面这个传说。

在无可查考的年代之前，该城有一位市民经常向上苍祷告，希望能像其他多数市民一样，有一个比较幸福的生活。

有一晚，当他祷告完毕时，一位貌似神仙的老人突然降临，对他说：

“老天爷感念你的虔诚，特地要我来告诉你，你将有机会拥有很多的财富、很高的名声和很美丽的妻子。”

那人听了，很高兴地道谢，此后就喜滋滋地等待，但一年又一年过去，他照样过着贫困、默默无闻和寂寞的生活，最后年华老去，在悔恨中死去。

当他上了西天，又遇到那个老人，就心有不甘地责骂对方：“你说要给我财富、名声和娇妻，但我等了一辈子，却什么也没有！”

老人笑着说："我没有说要给你这些东西，只是承诺要给你得到这些东西的机会，是你自己让它们从你身边溜走的。"

那个人一头雾水，不明白这话是什么意思。

于是老人要他回想，在他三十二岁时，是否曾经产生过一个很不错的点子？但他只是停留在空想的阶段，而没有将它付诸行动，结果平白失去了获得财富和名声的机会。

老人问他是否还记得二十一岁时，在参加登山野营队时所认识的那个清秀佳人？虽然他是那么喜欢她，但是自惭形秽，一直不敢表达爱意，结果佳人嫁作他人妇。其实，对方也是喜欢他的，只要他……

"老天爷不能给你幸福，它只能给你机会。如果你想要幸福，那你就要把握机会行动起来。这句话日渐成为本市妇孺皆知的格言，所以，从多年前起，本市已改名为机会之城。"

苏三在该市送给旅人的小册子里，读到这样的记载。

北方来的燕子正忙着利用好天气，叽叽喳喳地在人家的屋檐下筑新巢或整理旧巢。是的，做什么事都要把握机会：趁着烈日高照，赶快把稻谷晒干；趁着潮水上涨，赶快驾船出海。

在街上，苏三听到一个老人说："机会是一个心善的匿名天使。"当他会过意来，回头搜寻时，却已不见老人的踪影。难道他就是传说中的那个老人？

机会，好心地来到你面前。但如果你不及时把握，它就一去不回。因为它是匿名的，茫茫浮世，你不知道要到哪里才能再找到它。

扫遍天下

一座温柔而端庄的城市，一个大方而朴素的广场，一尊庄重而威严的铜像。

苏三坐在广场的铜像之下，好奇又礼貌地端详着眼前和谐美妙的一幕。

一名上了年纪的男人，手拿扫把，从广场那头扫了过来。他扫地的动作既利落又优美，扫过之处只能用“清洁无瑕”来形容。苏三从来没有看过有人能将地扫得这么干净，而且动作这么优美，那简直就是一种艺术。

当他扫到近处时，苏三还听到他边扫地边哼着歌。真是个快乐的清洁工啊！

那人也在铜像下坐了下来。

“老先生，您扫得真干净啊！”苏三称赞他。

“你是来这里旅行的吗？”那人问。

“是啊，我到过很多地方，没看过有清洁工把公共场所扫得这么干净的。”

“我也是来这里旅行的啊！”那人说。

“什么？”苏三大吃一惊，“真对不起，我以为您是这里的清洁工。”

“没关系。当清洁工也不是什么丢脸的事，你何必道歉？其实，我以前就是L市的清洁工呀！”

那人说他在L市当了三十年的清洁工，几乎扫遍L市的每个角落。他很喜欢这份工作，也为能带给大家一个干净清洁的环境而感到骄傲。

在退休之后，他反而有一种失落感。特别是当他到各地去旅行时，看到很多地方的公共场所脏乱不堪，更令他有说不出的遗憾。有一次在H市，他忍不住了，买了把扫把，当街就扫起来。在扫干净后，他觉得很快乐、很安慰，也很骄傲。

于是，后来他就买了一把折叠式的扫把，在旅行时随身携带，四处观光之余，也四处扫地，即使是只为异乡人提供暂时的清洁，也让他感到无比的满足。他现在最大的心愿是“扫遍天下”，走到哪儿，扫到哪儿，扫到不能再扫为止。

“您不觉得累吗？”苏三问。

“怎么会？我四处旅行，四处扫地，就好像有人四处旅行，四处拍照或买古董一样，这是兴趣。”那人笑着说，然后眯着眼睛看着被他扫得一干二净的广场，满足地说，“在这里，我又找到了我生命的意义。”

苏三从他的眼神里看到了一种飞翔之光。他从扫地中所获得的快乐和骄傲，绝不亚于任何一位名医或巨贾。

凤凰有凤凰的飞翔，麻雀也有麻雀的飞翔。不管你从事什么工作，扮演什么角色，只要你热爱、看重这份工作、这个角色，你都可以快乐而骄傲地飞翔。

真诚的赞叹

苏三遇到一个知识非常渊博的杂学家，举凡科学、哲学、历史、文化、艺术、经济等范畴，他都能说得头头是道，让苏三佩服得五体投地。

“您觉得一个人最需具备的是什么知识？”苏三向他请教。

“最需要具备的是做人的道理，它应该也是一种知识。”杂学家说。

苏三有点失望。

“我不是在向你说教，像物理、化学等知识，只是我们偶尔会用到的知识，做人的道理却是我们每天都需要的知识。”杂学家解释说，“像有些人满脑子深奥的哲学，但借钱不还，这就是本末倒置，而且令人讨厌。”

“那除了做人的道理之外呢？”苏三又问。

“其次是一些属于常识性的知识，譬如如何预防疾病，汽车在野外抛锚时如何自己修理，等等。”

苏三又有点失望了。

“一些高深或看起来高贵的知识，它们就像黄金一样；而实用性的知识则是钞票，甚至只是硬币。但在日常生活中，我们需要用到的是钞票和硬币，而不是黄金。”

“照您这样说，那您所拥有的那些知识能做什么呢？”

“它们可以开拓我的心灵视野，让我更加赞叹自然与人类的神奇。譬如当我看一朵花时，因为了解跟花有关的知识，可以让我的感受更深刻。”杂学家说。

“但我听说在看花时，应该忘记以前所学的和花有关的一切知识，用全部而单纯的心灵去感受，随着花朵一起开放，一起呼吸，这样才能充分感受自然的美丽与神奇。因为让知识介入的话，多事的理智会破坏事物的美，分析无异于谋杀。”苏三说。

“怎么会？”杂学家笑着说，“跟花有关的很多知识的确是来自分析，譬如我们可以将一朵花拆解开来，彻底分析，了解组成它们的所有元素和比例，没有丝毫的遗漏。但我们无法依这些知识自行创造出一朵朵同样的花来，而在自然界，它却是一件浑然天成、轻松自在的事，那是多么不可思议啊！我们对花的知识知道得越多，就越能赞叹自然之美与神奇，而且这种赞叹比不懂植物学和化学的人都要来得真诚而有深度。”

苏三默然了。

林中候鸟

天空乌云密布，山雨欲来。急急穿过一片默林的苏三，看到一间小木屋，一个中年人赤裸着上身在屋前劈柴。

听到苏三的脚步声，那人放下斧头，抬起头来。两人互相笑了笑，苏三发现那人的面色白皙，双手修长细腻，不像是做粗重工作的人。就在这时，大雨哗啦啦地自天而降。

“进来避个雨吧！”

苏三只得匆忙地和那人躲入木屋内。屋内的陈设相当简单，没有电灯、电视，连电话都没有。

“你是在这里隐居吗？”在闲聊时，苏三好奇地问。他以为对方是个不食人间烟火的隐士。

“啊，我是来这里度假的。”那人说。

这倒怪了，一般人度假不是出国旅游就是到海边戏水，这个人却独自跑到深山里来劈柴，而且还种菜。苏三看到屋旁有一个小菜园。

那人说他在城市里有一间个人工作室，做些设计的工作，有时候工作也非常忙碌，但每年一定要拿出三个月时间到这里独居，进行“自我清洗”。

“一个人在人群中住久了，灵魂就会布满灰尘，有必要到安静的地方，好好清洗一番。这也是一种充电哪！”

“你一个人住在这深山里，不会觉得寂寞吗？”苏三觉得附近好像都没有什么人家，而且他连电话都没有。

“怎么会？一只蚂蚁、一朵小花都可以跟你做伴，何况山里有这么多动植物。”那人笑着说，“不过我倒很喜欢孤独，应该说是跟自己做伴吧。每隔一段时间，我就渴望能孤独一下，重新建立起和自己的亲密关系。对我来说，孤独是最高级的享受，它原本是像上帝之类的人才享受得到的呀！”

苏三默默地点点头。他想起那些最接近上帝的人，像佛陀、耶稣、各种宗教的圣徒，也都曾经离群索居，孤独是修行中的一个重要仪式。而古往今来很多伟大的创造者、发明家，也都对孤独有特殊的偏好。孤独，不仅是一种高尚的享受，而且有其必要。

“但孤独一阵子后，又渴望回到人群中去。再过几天，我就要回城里去了，那好像生命的重新出发。只有到这里度假，才能让我有这种感觉。”那人说。

天空放晴后，苏三向那人告辞。穿越阵阵幽香的默林时，苏三忽然觉得，那人就像一只候鸟，在孤独与合群间迁徙的令人羡慕的候鸟。

摄影师的选择

铁花之乡盛产钢铁与鲜花，这是外地人都知道的。但只有当地人才知道，这里其实也盛产白鹤与蟒蛇。

“我可以帮你照张相吗？”

当苏三在街上徘徊时，一个手拿相机，自称是摄影师的男子上前与他搭讪。

苏三无可无不可。于是，站在一间炼铁厂和一家花艺店之间，摄影师为苏三拍了几张照。然后他邀请苏三到他的工作室，等冲洗完照片，好送给他留作纪念。

来到摄影师的工作室，苏三立刻被工作室左右两边的墙壁所吸引。墙上贴满了大小不一的照片，都是人头照，有男有女，有彩色有黑白，琳琅满目。

“这些都是你照的？”苏三问。

“是的，我喜欢收集各种人的脸。”摄影师说，“不好意思，你也成了我的收集品。”

苏三看着那些人像，很快发现右边墙上贴的都是面露笑容的人像，而左边贴的则都是一脸哀伤、皱着眉的人像，两边互相映衬，形成一种奇怪的对比。

摄影师站在两面墙的中间，向苏三解释说："这些照片提醒我，人生有欢乐也有悲伤，我们不能只看到其中一面，而忽略另一面的存在。"

苏三注意到他的立架式摄影机就摆在两面墙的中间。

"那你是站在欢笑和悲伤中间，不悲也不喜？"苏三问。

"我的这部摄影机其实是偏向右边五厘米的，"摄影师露出一个可爱的笑容，说，"而且如果你仔细去数，你会发现右边墙上微笑的照片比左边墙上悲伤的照片多出一张。这就是我的选择，我选择站在微笑这边，我选择快乐。"

苏三忽然觉得自己刚刚在街上拍照时，表情似乎太严肃了。

在等候照片洗出时，摄影师向苏三介绍他们这座城市：

"我们生产鲜花和钢铁，两者都是市民生计的来源，但我们总是注意让鲜花的产量要高于钢铁一些。郊区的白鹤与蟒蛇也都是市民的朋友，但我们也关心在天上飞的能比在地上爬的多一些。"

这显然也是一种选择。

照片洗出来了，摄影师端详良久，说：

"你做了艰难的选择，如果你选择微笑，你只需用到脸部的七块肌肉，但你似乎用了三四十块呢！"

苏三接过照片。果然，照片中的自己不仅严肃，还稍微皱着眉头。

双面拼图

在猕猴镇的民宿，苏三吃完早饭，想约主人的正值少年的儿子到林中去寻找猕猴，却发现他正伏在桌前，聚精会神地拼图。

那是苏三从没见过的特殊拼图。说它特殊，因为正反两面都有图案。从印在盒子上的完成图可知，正面是一幅空中楼阁图，背面是一幅灯下夜读图。少年在拼的是空中楼阁图，它的表面染有一层奇幻的涂料（用以和背面区别），而且构图瑰异，极具想象力。

苏三以前也很喜欢拼图。拼图让他入迷，因为每一个小图块看起来虽然是那么支离破碎，但在努力拼凑下，可以组成一幅完整美丽的图形，让人觉得满足，甚至还有不小的成就感。

拼图，其实就是人生的一个隐喻。

苏三知道，当一个人沉迷于拼图中时，你很难要他去做别的事，所以就选择让主人的儿子自得其乐，他自己去寻找猕猴。

近中午时，苏三怏怏而归，连个猕猴的影子都没见到。

主人的儿子依然伏在桌前拼图，但进展似乎相当缓慢，只完成三四个不相连的板块而已。

吃了午饭后，少年又回到桌前，继续苦战。苏三忍不住“见义勇为”，在一旁帮他东拼西凑起来，那真是有点难。

民宿主人这时也走过来，看儿子这么入迷，便建议说：“你何不先拼背面的那幅图？”

少年好像得到什么启示，于是从头再来，拼起背面的灯下夜读图。它的构图虽然不像空中楼阁图那么迷人，但具体而明确，是人人熟悉的图案。结果花了几个钟头，到了晚上，他就顺利拼完全图。

他松了一口气站起来，带着一点小小的成就，满足地看着图中那个在灯下夜读的年轻人，仿佛就是刚刚在灯下努力拼图的自己。

然后，少年小心翼翼地将整幅图翻过来，反面的空中楼阁图也已经成形，完整而美丽，在灯下散发出奇幻的光彩。

他父亲笑着说：“这不就完成了吗？”

于是，苏三从拼图里看到了生命的另一个隐喻。

人生就好像这种双面拼图。生命的梦想犹如奇幻瑰丽的空中楼阁，如果只是沉溺其中，它永远无法有实现的一天。但只要你从现实方面着手，完成具体而明确的工作，那梦想中的空中楼阁自然也就会呈现在你眼前。

赤脚走过

“人是一根脆弱的芦苇，但是会思考的芦苇。”

坐在树下休息的苏三，看着前方溪边，在风中俯仰飘荡的芦苇，不禁念起了这句他喜欢的名言。

“这句话如果改为：人是柔软的塑料，但是会思考的塑料。你以为如何？”与他同行的一个自然主义素食者问。

苏三觉得诗意尽失。为什么会这样呢?

“因为人和芦苇都是自然的一部分，而塑料却不属于自然。以前有人说‘生公说法，顽石点头’，如果改成‘生公说法，汽车点头’，也会完全不对劲，道理一样，石头是自然的一部分，而汽车不是。”素食者解释说。

在旅行中，苏三已慢慢了解，我们只有回归自然，或多亲近自然，才能有和谐而圆满的生命。

“让我们赤脚走路吧！鞋子也不是自然的一部分。”启程前，素食者说。

于是他们脱下鞋子和袜子，放到行囊里，用自己的脚踩在自然的大地上前进。

开始时，苏三大部分的心思都放在脚底的感受上，他有点生疏，甚至有点痛楚，但慢慢地，就有了不一样的感受。不是麻木，也不是穿鞋子时的浑然无觉，而是一种类似亲吻的愉快感觉。他那敏感的脚底不断地吮舔草地、土壤、砂粒、石块、腐烂的树叶和湿软的泥沼，这给予他不同的触感和温度感。

“只有赤脚走路，你才能深刻地感受这个世界，觉得自己是自然界中的一员。”素食者说。

他们就这样走走停停，走过两个村庄、三座桥梁，傍晚时分来到一家旅店。旅店主人看他们赤着脚，露出奇怪的笑容。

进了房间，素食者提来一桶热水，两人对坐着将四只劳累的脚泡在热水里，有一种苦尽甘来的舒畅滋味。

然后，素食者伸出手，开始默默地为苏三洗脚。苏三有点惊讶，想缩回他的脚，但素食者是那么自然，于是他也感动得开始默默地为素食者洗脚。

洗完了脚，擦拭干净后，他们又彼此按摩对方的脚，按摩每一块肌肉，每一个骨节，每一根脚趾，像森林里互相理毛的猴子。

最后，素食者说：“今天，我们有了特殊的感受。”

苏三说：“是的，自然而又愉快的感受。”

信念之赌

打赌村外立着一块打赌碑，上面刻着“我相信，所以我赢”几个字。

村里的长老告诉苏三下面这个故事。

村里有两个年轻人是要好的朋友，他们联袂到城市的一家工厂工作。有一天，工厂发生爆炸，青年甲被炸得遍体鳞伤，鲜血淋漓。青年乙赶到现场时，看到他这副模样，认为他已经没救了，将他抱在怀里，急切地问他：“你有什么话要跟家里的人说？”

青年甲用手指一指他上衣的口袋。青年乙连忙往他的口袋掏，结果掏出的是两千元钱。

“你想把这些钱给什么人吗？”青年乙有点不解地问。

青年甲痛苦的脸上挤出一丝笑容，虚弱地说：“我用这些钱跟你打赌，赌我……不会死。”

青年乙一听，坚定地说：“好！我跟你赌，一比十！”

不久，救护车来了。被送到医院急救的青年甲果真没死，有人说他命大，有人说他是为了赢得赌金。事后，青年乙照约定付出了两万元，不过他很高兴，因为能看到朋友还活着，比什么都值得。而青年甲在赢得赌金后，立刻用那笔钱在村子外头立了那块打赌碑。

“事实上，他不是贪图赌金，而是想告诉大家，不管做什么事都应该具备信念，因为他就是靠信念捡回自己的一条命的。”长老说。

虽然单靠信念并不能让伤口止血、身体复原，但在那种情况下，自己所能做的毕竟只有对未来怀抱信心而已。

“那为什么不叫做信念碑呢？信念不是比打赌更好吗？”苏三问。

“我也曾经给他这样的建议，”长老笑着说，“但他坚持说打赌比信念好，不过他说的好像也有些道理。”

到底是什么道理呢？苏三不禁感到好奇。

“他说对必然会发生的事情，我们不需要信念，因为那是事实，不是你相不相信的问题。只有对不知道结果会如何，或者无法证明的事情，才需要信念。它其实是一种赌注，就像玩牌时你不知道下一张会是什么牌一样。信念，就是我们为人生所下的赌注。”长老解释说。

苏三不禁在嘴里喃喃念着：“我相信，所以我赢。”是的，它的确是一种赌注，必须要有的赌注。

九〇一〇哲学

海上生薄雾。薄雾中传来低沉的汽笛声，又有一艘夜船即将驶离忧欢之港。

港边酒吧的小型乐队正演奏着“惜别的海岸”，苏三和刚认识三天的一名北国男子，即将在此惜别。

那是分手前的小聚。明天，北国男子即将前往蜜月湾，和他的情人相会。而苏三的旅程也接近了尾声，故乡的面貌又逐渐清晰起来。

想到这趟旅行中的种种见闻，苏三固然满心欢喜，但一思及回家后又必须回到寻常生活，他难免有些怅然。

“你需要九〇一〇的人生哲学。”北国男子说。

这话听起来有点像促销房地产的广告用语，不过还是引起了苏三的兴趣。

“绝大多数人的人生，有百分之九十的时间都花在一些无谓或无趣、一再重复的琐事上，譬如吃饭、睡觉、上班、做家务、做功课等。真正发生让人意气风发、惊喜交集、心醉神迷事件的美妙时刻，可能还不到百分之十。”北国男子轻摇他手中的马丁尼，解释说。

“我知道了，所谓九〇一〇的人生哲学就是人要为那短暂的美妙而活，将百分之九十的无谓时间，当作是百分之十美妙时刻的酝酿或储备阶段，就好像工作九十天，然后来个十天旅行一般。”苏三想的还是旅行，他暗暗决定，以后最好每三个月就外出旅行一次。

想不到北国男子却摇摇头：“照你这样说，那九十天的工作，似乎只是换取十天旅行的工具，本身就失去了意义。

“九〇一〇人生哲学的真谛是，人生虽然因为那百分之十的美妙时刻而显得璀璨，但一个人要经常觉得快乐与满足，必须对那百分之九十时间内所做的事，包括上班、做家务、做功课、等车、吃饭、理发、浇花、倒垃圾……感到喜悦。因为那才是每个人大部分的人生。”

就在这时，乐队的萨克斯手站了起来，时而踮脚仰身，时而俯身摇摆，吹出清越悠扬、让人神迷的乐音。

今夜，对苏三和北国男子来说，也许都是那百分之十的特殊美妙时刻；而对日日在此演奏的萨克斯手来说，只是百分之九十的寻常工作时刻，但看他一副陶醉的模样，真令人羡慕。

苏三于是欣然了。他需要的正是这种能将平凡视为喜悦的人生哲学。这一路走来，不是有很多人这样告诉他吗？

矛盾的整合

双子城亦名矛盾之城。当苏三进城后，发现很多人家的大门上都贴着一张守护神像，那是他们的门神。门神有两张脸，有的一张脸往左看，一张脸往右看；有的则一张脸往外看，一张脸往里看。

在一个磨坊旁，一个老太婆告诉苏三一则被《圣经》遗漏的故事。

在大洪水即将来临前，诺亚造了方舟，很多动物都躲进方舟里。有一天，“善”也跑来，请求上方舟避难。诺亚说：

“我们只接纳成对的避难者，你去找个伴吧！”

于是“善”去找了“恶”来做伴。从此以后，“善”和“恶”就像孪生兄弟一般，一起存在于世间的每个角落。

当苏三来到建于山坡上的一所大学校园时，听到一个物理学教授说：“当一个人从屋顶坠落时，他是同时处于运动与静止状态中的。”

这听起来实在矛盾，违背了我们日常的逻辑观念。不过，这位物理学教授却另有解释，他说：如果你是站在地面上观察，则那个人是属于“运动”状态，但如果你也同他一样同时从屋顶坠落，那你看到的他则属于“静止”状态。

接着，苏三在河边的一间画室里，看到一个正在作画的画家。画布上画着一个女人，她的半边身子娇艳如花，另半边身子却已鸡皮鹤发。画家苦恼着说：

“我一直游走在两个极端之间，青春与年迈、夏天与冬天、太阳与月亮、喧哗与静谧……啊，如果我能让白色与黑色一起作用，而不是只呈现其一，那我就会感到满意，觉得骄傲。”

最后，在一栋大厦后面的一条陋巷里，苏三遇到一个宛如婴儿的老哲学家。他说过一句名言：“我既不是同一个人，也不是另一个人。”

真是令人感到矛盾啊！苏三向他请教这句话的意思。

“人每一刻都在‘生’，也在‘灭’，就像灯焰，不停地在变化之中。从某个角度来看，你已经不再是以前的你；但从另一个角度来看，你还是以前的你，不是别人。”老哲学家说。

“虽然你们都各有一套矛盾的观念，但每个人好像又都活得很积极、很自在。”苏三感到有点不解。

“啊，那是因为我们拥有同样的人生哲学。”老哲学家说，

“当然，它也是由两个看似矛盾的观念所组成。我们一方面看得远，策划与希冀未来，好像我们可以永远活下去；另一方面又看得近，每天认真生活，好像我们明天就会死去。”

于是，在矛盾之城，苏三认识到人生和宇宙充满了各种矛盾，而生命的完整意义则在于包容矛盾，将它们整合成一个更高级的实体。

最后的花园

在无悔之城，苏三穿过大街小巷，一直往南走，走到最后一条街道的尽头，终于发现一座花园——最后的花园。

花园里的桃花正盛开，池畔的杨柳青翠欲滴，一片桃红柳绿，让人心旷神怡，油然而生一种原始的、真实的幸福感觉。真不知道它为什么会有“最后”之名？

花径旁蹲着一位园丁，苏三上前问道：

“请问，这座花园为什么叫作最后的花园？”

“啊，这……”园丁站起身来，拍拍沾在手上的泥土，指着花园西侧的一间古老石屋，说，“那间房子已经很久了，大概一两百年了吧，以前住了一位圣徒……”

园丁说，这位圣徒终生信仰上帝，热爱生命，奉献了全部的身心去帮助不幸的人，鼓舞失意者，要大家永怀希望的信念，坚强而快乐地活下去。

有一天，圣徒生了病，就躺在那间房子的病床上，濒临死亡。

然后，园丁又指指池畔的一棵柳树，继续说：当圣徒正在垂死挣扎中，忽然听到有一个人正准备在那棵柳树上上吊自杀。

这违反了他对生命的信念，他期期以为不可，于是他向上帝告罪，请它稍等一会儿。然后，他用尽他所剩余的全部力量，从床上跳起来，拿着刀子，奔向花园池边的柳树，在千钧一发之际，及时切断了那个人脖子上的绳子。

然后，他又回到病床上，含笑而逝。

真是相当奇特而感人的故事。

园丁说："大家都说这是什么最后的信念、最后的幸福之类的。后来，这里成了花园，就叫作最后的花园。"

苏三看看那间古老的石屋、池畔的柳树，还有满园盛开的桃花，终于了解了圣徒、花园、城市之间的相关意义。

从那位圣徒最后的行动，在人间所做的最后飞翔中，我们看到了幸福最普遍的形式——无悔。

一个人对生命如果能有一个可以为之生、为之死的信念，即使是在生命的最后一刻，仍然没有丝毫忘怀，不会有任何改变，那他就拥有人生最大的幸福，最后与最完整的幸福。

回家的路

在走马地，当苏三在房间里安顿好，回到旅馆的大厅时，看到墙上挂着一幅名为《最美好的》的油画。画的好像是寻常的家居图，在陈设典雅的客厅里，一个父亲坐在沙发上看书，母亲坐在摇椅上钩毛线，大女儿在窗边弹钢琴，小儿子趴在地毯上玩电动小火车。

他看着这幅画，心里产生了某种模糊的亲切感。

“你是要到各地去旅行吗？”旅馆的老板走过来跟他打招呼。

“啊，我已经旅行了好久，现在要回家了。”苏三说。

“那这幅画对你就很有意思了。”

旅馆老板看着画，说起了关于这幅画的故事。

以前在走马地有一位画家，画了很多画，但都觉得不太满意。有一天，他决定外出去寻找世间最美好的事物，画出他认为最美好的作品。

于是他告别妻儿，四处去旅行和寻找，虽然也看到不少美好的东西，但都不是他所要找的。有一天，他遇到一对正准备结婚的新郎和新娘，他们脸上有着幸福的笑容，画家拦住他们，问道："什么是世界上最美好的事物？"

"爱。"笑容满面的新郎和新娘毫不犹豫地说。

画家听了有点失望，因为他无法画出爱。只好继续前行。不久，他又遇到一个从沙场血战归来的士兵，脸上有着轻松的笑容。画家拦住士兵，问道："你觉得什么是世界上最美好的事物？"

"和平。"士兵虽然疲惫，但语气很肯定。

画家再次失望了，因为他也无法画出和平。于是他继续他的追寻，最后，他遇到一个正要去做弥撒的神父，脸上有着喜悦的笑容。画家又拦住神父，问他同样的问题。

"啊，我想信心是世界上最美好的事物。"神父慈祥地说。

但画家还是无法画出信心，他觉得他的追寻已经无望，只好身心俱疲地往回家的路上走。当他返抵家门时，妻子很热情地迎接他，他突然发现了新郎所说的爱；在进入屋内，他觉得无比的宁静安全，正是士兵所说的和平；儿女们依附在他身边，他看到他们的眼中闪烁着神父所说的信心。

于是，他画了一幅他认为世界上最美好的画——他的家庭。

"他的那幅画后来就陈列在本地的美术馆里，我这幅是复制品，很多旅人看了，都说很有意思。”旅馆老板说。

苏三终于知道他为什么会对它有一种模糊的亲切感了。家，是最美好的地方，他的家正在呼唤着他。

悟

苏三终于回到了自己的家，他和老人的家。

在卸下行囊，洗了个热水澡后，他兴奋地向老人诉说旅行中的种种经历，他目睹的景观、遇到的人、做过的事；他的学习，还有他的感触。老人很有耐心、很有兴致地听着。等苏三说完了，老人微笑着说：

“你所看到、听到的，所感受和学习到的，都是你心中原本就存在的东西。但如果你不去旅行，你可能永远不会发现它们。旅行，只是为了找到回家的路。如果你没有到过他乡，你就不知道自己的家乡；如果你不认识其他人，你就无法认识自己；如果你不知道什么叫沉重，你就无法了解什么叫轻盈。经过这么长时间的寻觅，你找到了你想要的飞翔的知识和技巧了吗？”

苏三说：“我听说知识和技巧是枯燥的，但故事却是永远动听的。我只能用一个故事来形容我此刻的心情。”

于是，苏三说了一个他在旅途中听到的故事。

有一个年轻人一直闷闷不乐，觉得自己深陷尘网里，生活中尽是负担和烦琐杂事，他渴望轻盈，渴望自由自在地飞翔。于是，他下定决心去寻找轻盈与飞翔之道，寻找那人间的大智慧。

在四处寻访了一段时间，不得要领后，有一天，他来到一座高山的山脚下，听说山上住着一位拥有大智慧的智者，他兴冲冲地上山。

半路上，他遇到一位从山上下来的老人，老人的背上背着一个大包袱，但气定神闲，脸上散发着智慧的祥光。他觉得这就是那位智者了，于是高兴地上前问道：

"老先生，请您告诉我什么是生命的大智慧——轻盈与飞翔之道？"

老人停下脚步，微笑着看着年轻人，扬手卸下背上的大包袱，放在地上，轻松地站在那里。

"哦，我明白了。"年轻人若有所悟，又期待地问道，"那在悟道之后，要做什么呢？"

那老人吸一口气，一语不发地又将包袱背到背上，继续朝山下走去。

年轻人当下大彻大悟。所谓飞翔，不是逃离或抛弃，而是以轻盈之心重新去承担生命的责任和义务。

当苏三说完后，老人微笑着说：

“很好，你终于明白了。这个故事是在你出发前，我本来想向你说的，但既然你已经知道，就不用我再说了。”

于是，苏三和老人相视而笑。

然后，苏三望向窗外，又看到一只苍鹰在蓝天飞翔。